住まいと町とコミュニティ

大月敏雄

王国社

目次

コミュニティはなぜ必要なのかを改めて考えてみる　5

I

路地の魅力と「路地を耕す」ということ　28
路地にお花畑を耕した人々　44
行商のおばちゃんと出入りの大工さんの重要性　54
足まわりを耕す　64
集合住宅の屋上を耕す　76

Ⅱ
住まいとまちの計画学　90
ディズニーのまちにみる多様性
アクセサリー・アパートメント
ジョージタウンとバック・アレイ
ニューアーバニズムの聖地：シーサイド
歩車分離の聖地：ラドバーン
日本の集合住宅はなぜ残らないのか？　134
Ⅲ
成熟化の21世紀型住宅地　154
賃貸住宅と若者の都市復権を！　166

Ⅳ
同潤会と不良住宅地区改良事業　東日本大震災を念頭に　174
災害多発国としての心構え　188
分野横断型の「復興デザイン研究体」の試み　194
縮退先進地としての炭鉱住宅に学ぶ　203
むすびにかえて　217

コミュニティはなぜ必要なのかを改めて考えてみる

問い

「コミュニティはなぜ必要なのかを、20歳くらいの学生諸君に説明できますか?」

「釈迦（読者）に説法」の読者がほとんどだとは思うが、実は、私は日常的にこの問題にぶつかりながら生きている。もちろん私は、上記の質問の答えを現在持ち合わせていない。「20歳くらいの学生諸君に」というところがこの問いを難問にしている。

私の大学教員としての仕事のうち、大事なことの一つとして、「建築計画」の授業で、コミュニティ形成に関する講義をしなければならない、ということがある。コーポラティブ住宅やコレクティブ・ハウスの解説の時に、上記の問いが湧いてくる。そうではなくても、集合住宅の計画の話になれば、必然的にこの話題を避けて通れない。コミュニティ形成を計画のど真ん中に据えた設計手法を、計画学の不可欠な要素として教えなければならないことは重々承知だが、なぜそれを大事なこととして学ばなければならないのかという説明を、こと、学生さんにするのが、じつは難しいのである。大人に説明する方が簡単だろうと思える。

「自明の理として、コーポラティブやコレクティブが大事だよ」なんていう教え方はしたくない。それでは教条主義である。少なくとも学生諸君の立場から見て、コミュニティが興味深く、少なくとも疑似体験として切実に見えなければ、教えても意味はなかろう。そうでなければ、歴史の年号暗記と同じ教育効果しか得られないだろう。

すなわち、コミュニティ形成そのものを住宅設計や住宅建設の主たる要素に据えながら計画を練っていくようなプロジェクトを紹介する時に、アプリオリに、学生諸君に対して「コミュニティ形成がうまくいくことが設計上の重要な課題の一つなんだよ。」と教えたところで、果たして学生諸君は、どれだけ切実な思いで、この重要な設計上の目標を捉え続けてくれるのだろうか？　という疑念に駆られることが多いということである。

正直言って、20歳そこそこの若者たちに、コミュニティの大切さ、切実さをどんなに説いても、きっと解ってくれないだろう。当然、頭では解ってくれているものだとは思うが、それが切実なまでに必要だと感じることが、学生諸君にできるんだろうか？　きっと、まだその切実さを、身を以て経験してないんだから、本当の意味で解ってくれることはないな、とも思って

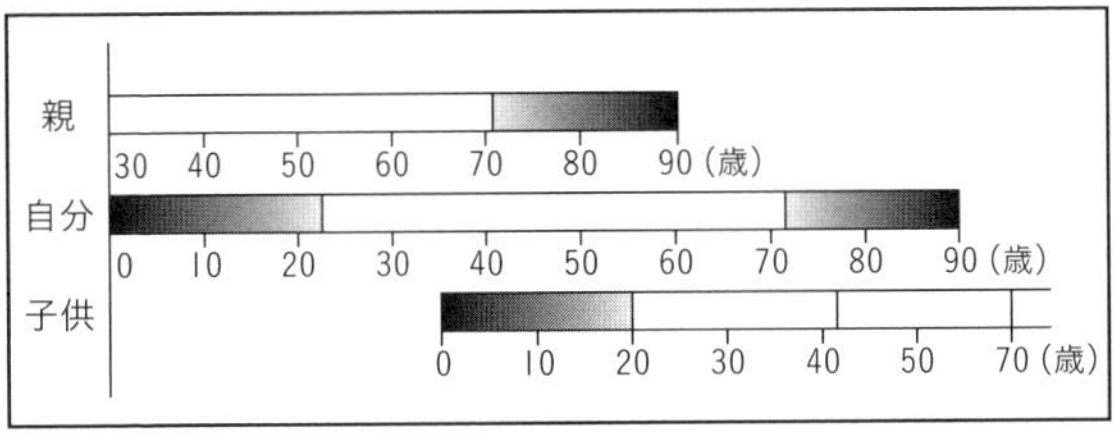

図1: 人生の中で人に頼る度合い。

いる。そこでこんな図をこしらえてみた（図1）。

「自分」の一生を考えてみる

名付けて、「人生の中で人に頼る度合い」。縦軸は、真ん中に「自分」の人生、上に「自分の親」の人生、下に「自分の子供」の人生を据えたもの。横軸には、それぞれの人の年齢を記している。

まず、縦軸真ん中の「自分」から出発してみよう。自分が生まれた時の「親」の年齢は30歳としてみる。このときから大学生になるあたりまで、「自分」は「親」のお世話に頼らざるを得ない。もちろん0歳に近いほど周囲にご厄介になる度合いは高いので、その分色も濃い。逆に「親」のほうは「自分」の面倒を見なければならないので、「自分」の色が濃いほど、大変である。このとき、「親」と「自分」を中心に構成される家族は、保育園や学童保育、そして、小児科や歯医者さん、近所で遊んでくれる子供や大人、また、安全に移動できたり遊べたりする道路や公園や施設などを必要とする。これらは、決して家庭が裕福であるから手に入るという代物ではない。

こうした、いわば「不可避的に、誰かに、あるいは、何かに頼らざるを得ない生活」を解決してくれる糸口の一つが、おそらく、住まいのまわりに広がる近隣の空間と、そこに暮らす近隣の人々に内在しているのだろう。そこで、この稿で主題に据えた「コミュニティ」という課題が浮上してくるわけであるが、この言葉を遣うことは、今しばし猶予しておこう。この言葉を遣わずに、この言葉の持っている夢夢しくもあり、そして同時に教条的な気分ではない、切実な気分をどうしたら学生さんたちにわかってもらえるのか？　それがさしあたっての課題である。

例えばお医者さんの話

お医者さんを例にとろう。私自身も子育てをしていて、小児科や歯医者に子供を連れて行かねばならない時があった。都市に住んでいれば、町の中に小児科や歯医者さんは、きっと複数あるに違いない。それでは、こうした医療サービスを、我々はどのように選択しているのだろうか？

いまやホームページを持っていない開業医は少数派ではないだろうか。そうした中では、ホームページを見て、お医者さんの学歴や職歴、得意技を調べ尽くし、総合判断して、満を持して、最高のお医者さんのところに行くのだろうか？　もちろんそうした人々もたくさんいるには違いない。だが、おそらく一つの確実な方法は、「近所の先輩」に聞くことである。

強い薬をすぐ処方してくれる先生、弱い薬しか出さないがじっくり症状を見ながら処方してくれる先生。子供を泣かせたままだが確実に早く治してくれる先生、治療には時間がかかるが子供の面倒見が良く子供がいやがらない先生。どの先生も、人生のいつかの場面には必要な先生ばかりである。こうした医者の評価は、藪であるかそうではないかといったレベルではなく、医者にかからなくてはならない時の、その人の状況に応じて評価される相対的なものである。逆にいえば、いろんなタイプの医者が町には必要なのだ。

しかし、ここに挙げたようなタイプの医者を探すのにぴったりな情報はきっと、どこのホームページにも載ってない。同じ町中の誰かが書いたブログに、町医者たちの採点表なんてものがあったとしても、匿名性の高い情報に頼るには危険過ぎよう。だから、一番適切な回答を与えてくれるのは「経験者」すなわち「近所の先輩」なのである。「子供がこんな症状で、こんな風に治して欲しいんだけど、どの先生がいいかしら?」なんて質問には、インターネットはなかなか答えを出してくれないけれど、近所の先輩なら、すぐに答えが出てくる。不安ならば、もうひとり別な先輩に聞いてみればいい。先輩といっても、年上とは限らない。子育てには年下の先輩もたくさんいる。こうした人材の宝庫が、「ご近所」なのではないか。

さらにいえば、もし仮に、実名を出すようなブログで、ある地域の医者の評価が、様々に議論されているところがあるとすれば、それはまさに「ご近所」さんと呼んで差し支えないのではないかという気もする。実際、ネット上の知らない人同士のつながりのことを「コミュニティ」と称したりもするが、実在の具体的な地域にかかわる様々な観点からの評価が、第三者に役立つ情報として流通するようなつながりであるならば、同じ地縁といっても、「空間型の地縁」に対して、「非空間型の地縁」といっても良いような気がする。この辺りは、正確に論じないと社会学者からお叱りを受けそうなので、このあたりでよしておこう。

ただし、いくら「これからはネット社会なので空間型の地縁組織ばかり論じるような、古いコミュニティ論ではなく、華麗なるネット社会におけるSNS的なことを論じないといけない！」というような論法もあるだろうが、ネット社会における、ある種正しく機能するコミュニティの形成には、時間がかなりかかることは間違いない。だからその議論の隙間をぬって、古き良き地縁社会、空間的なつながりと一体性を持った社会における、「誰かに、何かに頼らなければならない人」のための、手っ取り早い解決方法として、ご近所さんを考察の対象とし、その効用をしばしば論じることも、切実な問いを解くのに必要なのである。もちろん、正しく機能するべきネット社会の構築についての議論も継続していかねばなるまい。

このことは、世の中すべてバリアフリーやユニバーサルデザインにすべきだ、と論じている人々に対して、確かにそれは正しいし、否定する理由なんてこれっぽっちもないけど、実際問題、それを実現するには非現実的なほど時間と金がかかる。それを気長に実現することには諸手を挙げて大賛成であるが、その前に、というか、その間に、例えば、車椅子の人が階段を目の前にして立ち往生していたら、必ず周りの人が気を利かせて親切に持ち上げてくれるような社会の実現、そうした親切な人々をこの世に増やすことこそ、忘れてはならない問題なのではないか。なんてことを思わず言ってみたくなる気持ちと、通じているような気がする。

要は、なぜ、身近な親切な人の存在に頼ってはいけないのか？　という素朴な疑問なのである。あるいは、親切な人に助けてもらうことは、そんなに恥ずべきことなのか？　タダより高いものはないということなのか？

昭和な人生において目指された「自立」

話がそれてしまったが、「人生の中で人に頼る度合い」の図に戻ろう。前述のように、家族の中に「誰かに、何かに頼らなくては生きていけない人」がいる場合には、その家族自体もきっと、誰かに、何かに、何らかの形で頼って生きざるを得ない。頼られるのは往々にして、近隣にある空間や人材である。という話だった。

これを、図1の「自分」に即していえば、「自分」が生まれて大学に行くようになるころまでは、やはり家族は誰かに、何かに頼る度合いが大きいといえよう。しかし、大学生にでもなろうとする頃、「自分」は自他共に、肉体的にも精神的にも社会的にも、そして就職をすれば経済的にも「自立」と呼べるような状況となる。これこそが、おそらく近代社会において目指されるべき人間像として想定されていた、「自立した人間」の姿なのであるし、これを日本風に言えば「他人様にご迷惑をかけない人」、別な言葉でいえば、大人になるということでもあろう。

おそらく、こうした「自立した人間」を信奉するあまりに、身近な親切な人に頼ること、親切な人に助けてもらうこと、そして、親切な人たり得ること（これは往々にして「偽善者」と呼ばれやすい）を、無意識のうちに忌避してきたのが、近代化の一側面、そして特に昭和的文化のありようだったではないのか。こうした中で、やはり、昔からの「タダより高いものはない」という価値観が、サービスの交換とは必ず両方向性（互酬性）を持つものだ、という近代的な人間関係観の浸透の中で蘇ってきたのだともいえよう。

さて、「自分」が自立すると、「親」も「子離れ」ができ、ごく平均的にいえば、長らく子育てに追われてきた母親がそろそろ、職場に復帰、あるいは社会的な自己実現をしようかなと考える頃である。家族そのものが「自立」できるようになり、家族そのものがご近所をはじめとする、誰かしら、何かしらに頼らなくても済む段階に到達するのである。おめでとう！　私自身も、子育て中の「親」の部類に属していた一人として、この時点を一つの「上がり」として、夢描いたりする時があったことも確かだ。だから、「自立」そのものを否定するつもりはない。

　このように、私も含めてどうやら、子供の教育の目標みたいなものの中に暗に、前述のような「自立した」人間像が志向されているようである。だが、残念なことに肉体的に、精神的に、社会的に、経済的に「自立」できるのは、ごく限られた期間なのだという認識が、あまり広く共有されていないのではないだろうか。ということが気がかりなのである。「自分」にとっても、その家族にとっても、暗に、いつの間にか目指してきた「自立」の賞味期限は、ごく一般的に割り切って言えば、思ったより短いのである。

「自立」の賞味期限

　図1中の「自分」が自立の時期にいるときは、家族も自立の時期にいることが多いだろう。私を含めて多くの人が人生において目指しているポイントの一つである。こうした人生のいわば「盛り」の時期に、多くの「自分」たちは、大学で勉強するのである。

　すなわち、私が普段相手にしている学生さんの多くは、彼等自身が「自立」しているお年頃だし、彼等の家族そのものが、一般的にいって「自立」しているお年頃であることが多いのだ。だから、彼等に「自立」の反対ともいえる「近隣を頼りにする」ことの大事さ加減や尊さ加減を説いても、なかなか耳に入っていかないのだろう。

だが、この人生の「盛り」も、そう久しくは続かない。奢れるものも久しからず。盛りを過ぎた「自分」はそのままパラサイトという道も選択できるし、独身貴族や、DINKS（これは死語になりつつある。Double Income with No KidSの略である。念のため。）などという道も選択できる。それこそ、どの「自分」を選ぼうが当人の自由だ。まさしく、人生の選択を迫られた時、いくつかの手中のカードから選ぶべき道を選択するのと同じである。

だが、ごく平均的に言い切ってしまえば、30歳前後に結婚して、そのうち「子供」ができたりするのだ。そこでまた、「自分」とその家族がかつて30年ほど前に経験した通りのことを経験しなければならなくなる。「子供」を育てるために、誰かに、何かに、頼らなければならなくなるのだ。

いってみれば、この頼るべき「誰か」や「何か」が充実してなければ、子供を育てようとは思わないだろうから、少子対策を進めたかったら、この「誰」と「何」が果たして何であるのかを明らかにし、そこにこそ、対策を打ち立てるべきと思う。本稿の文脈に即していえば、少子化対策の中で、もっと「ご近所」がクローズアップされないこと、あるいは地域空間がクローズアップされないことが、不思議でならない。

また話がそれてしまったが、こうして「自分」が「子供」の世話をしつつ、まわりに頼りながら家族として生きていかなければならない状況になるだろうという予測までは、何となく学生さんにもできているらしい。

ところが、図1では多くの学生さんがいまだ、予期していなかっただろうことが起こる。「自分」が経験してきたように「子供」が自立していけば、そのうち「自分」も家族も「自立」できると錯覚しがちだが、少子化というのは、上の世代が多いということでもあり、せっかく「子供」が自立できるようになってきても、今度は「親」が自立できなくなってくる。しかも「親」はひとりではない。「親が」みんな長生きであれば4人である。「親」が次々と「誰かのお世話になる」というモードに入っていくと、そこから抜け出すのに何年かかるだろうか。最後の「親」がそのモードから脱出したころには、今度は「自分」がそのモードに突入である。しかも、今いわれているように、将来、日本の年金が破綻とは言わないまでも、大幅縮小することを考えれば、かなりお先真っ暗な話ではないか。

つまり、ごく一般的な話でしかないが、「自分」の一生にとって、自立できていると思えるような期間は、人生90歳としても、大学生から子供ができるまでの10年そこそこなのだ。残りの期間は、「自分」とその家族にとって、誰かに、何かに、ご厄介になりながら生活しなければならない時期なのである。すなわち、少なくとも「ご近所」さんをはじめとする地域空間やそこに住む人々に支えられながら生きていくことが比較的重要な時期が、人生においては実は支配的なのである。

なんていう話をしてみると、学生さんたちはとまどいを見せる。やっぱり結婚するのはよそう。子供は持つまい。親の老後は親自身に何とかさせよう。なんていうことも考えてしまうかも知れない。それこそ、一生懸命考えてほしい。結婚しないことがそんなに悪いことなのか？子供をつくらないことがそんなに悪いことか？などということを真剣に考えてもらうだけでも、講義をした甲斐があったというものである。でも、今のところ彼らの「その後」を見ていると、半数以上はごく一般的に結婚し、ごく一般的に子供を産んでいるようであり、すなわち、図1の人生を基本的にはたどっているようなのである。

コミュニティ形成？

さて、ここからが本題である。「コミュニティ形成」。この命題に建築的な側面から解答を出そうと、1970年代以降からバブル半ばまで、研究面、実践面でさまざまな努力が積み重ねられてきた。戸建ての集合や連棟式、低層集合住宅では、接地性を高めて共用空間（コモン）をつくる手法が編み出され、評価された。また、住戸へのアプローチと住戸内の生活の向きを調整することにより、コミュニティ形成を図る領域論的なアプローチもずいぶんと研究された。

高層集合住宅においても、「リビング・アクセス」などという形式が、廊下と住戸内の間の親密性を高めるためのプランニングとして展開された。人と人が住戸周りで自然に出会い、自然に集うことを期待し、コミュニティなるもののための環境装置を計画すること、それがすなわち「コミュニティ形成」という一つの大きな計画目標だった時代があった。

さらに、コーポラティブ・ハウジングという、コミュニティ形成と住環境形成の双方を取得するための装置も普及するようになった。

しかし、バブルの半ばから今日まで「コミュニティ形成」と呼ばれる計画目標は、あまり表だって語られてこなかったように思われる。つまり、なぜコミュニティ形成が大切なのかを、正面切って説明した人があまりいないような気がするのだ。

なぜだろうか？　コミュニティ形成はすでに言わずもがなの計画条件として認識されてきたので、ことさらそれをテーマにしなくていいようになったからだろうか。決してそうではないだろう。「コミュニティ形成」をアプリオリに計画目標とすること自体への信憑性が揺らいでしまったというところに、大きな原因があったのではないかと考えられる。

何か具体的に大きな成果を、住む人々にもたらしてくれそうな言葉であるコミュニティは、果たして当事者に何をもたらしてくれたのか。

そうした素朴な疑問に定量的に答えることが不可能であったために、コミュニティを計画目標に据えることへの信憑性が次第に薄れてきたのではないだろうか。

誰もが数値的に理解できてしまう事柄や、数値で表現され得る諸性能（住宅性能表示などで表現される数値群）を犠牲にしてまでも、数値的に表現不能なコミュニティを形成することにどれほどの意味があるのか。こうした素朴な疑問に面と向かって答える理論はついぞ現れなかったのではなかろうか。

もちろん、学術上のさまざまなアンケート、観察や聴き取りによってコミュニティが重要であるらしいことは、つねに建築系の学会で発表され続けている。逆に、コミュニティは良くないらしいというデータは発表された試しがない（と思っている）。

これは、学会発表に限らず、新聞の社会面でも、NHKの番組でもそうである。つまり、良識派を以って任じる人は、つねにコミュニティの良さを説いてきたのである。

それでも世間は、コミュニティという言葉だけでは納得しなくなった。ついつい、コミュニティという言葉を手っ取り早く御輿に乗せて、人々が集団で暮らすことのさまざまにあり得る価値を訴え過ぎたために、コミュニティは胡散臭いことのように思われてしまったのではないだろうか。もちろん戦時中の隣組や、さかのぼれば江戸時代の五人組制度のような、相互監視の仕組みとしての負のイメージが、日本ではいつもつきまとっていることも、大きな敗因だ。

「コミュニティ」なる言葉が胡散臭がられているであろうことを、例示しよう。分譲マンションを買うときの心得として、「マンションは管理を買え！」というのがある。管理がしっかりしていて、管理に金をかけていれば、資産価値が低下しないからである。ずいぶんと言い古されたフレーズであるのに、いまだに使われ続けている。

しかし、「マンションはコミュニティを買え！」とは誰も言わない。高級マンションのように、ふんだんなる管理費をもって管理会社にお任せというのであれば別だが、普通のマンションは、管理組合という組織が円滑に機能しなければ管理は疎かになる。

管理組合は通常、居住者によって組織される。ごく一部のボランタリーな理事会が孤軍奮闘する場合を除いて、管理組合が円滑に機能することとはすなわち、良好なコミュニティが形成されていることではないか。

にもかかわらず、誰も「マンションはコミュニティを買え！」とは言わないのである。「マンションはコミュニティが大事ですよ」と言ったところで、「そんなベタベタした関係が嫌でマンション買ったのに、何でコミュニティやんなきゃいけないの？」というのがおおよその答えであろう。したがって、マンションを売るときのキャッチコピーは、「マンションはコミュニティを買え！」ではなく、「マンションは管理を買え！」としかならないのである。

ライフスタイルとしてのコミュニティ

コミュニティなる言葉が、ことほど左様にマイナスイメージを帯びてしまった原因は、コミュニティの意味するところが「ご近所さんがベタベタつきあって、相互扶助で頑張りましょう」という意味に矮小化されてしまったからであろう。

ご近所付き合いの煩わしさを耐え忍んでまで、コミュニティに助けてもらいたくはない。すなわち、前述した、人生の一つの大いなる目標である「自分の自立」と「家族の自立」を否定するような行為を自ら選択するなんて、恥ずべき行為だ。

こうした考え方や主張は、昔からあるように思うが、こうした主張をすることが、はばかられていたように思う。良識派がこぞってコミュニティ大事主義を唱えていればなおさらである。そしてもっと本音を言えば、「くそ忙しいのに、コミュニティの煩わしさにかまけている暇はない」というのが大方の若い衆の、堂々とは言えない主張であったろう。それが、あからさまに言えるときがやってきた。バブル期である。

「24時間頑張りましょう」という合言葉とともに、社会に認知された家族型であるDINKSの登場によって胡散臭いコミュニティに対して本音を言うことがはばかられる時代が終わったような気がする。もちろん夫婦共働きで子供のいない世帯なんて、古代からずっとあるのに、オシャレなネーミングまで与えられて、あたかも人類における新種のごとく登場してきたバブバブル期のDINKSにとっては、我が世の春となったに違いない。

24時間働かなければならない社会だからこそ認知され、大事がられたこの家族形態は、一大市場を形成することになる。当然ハウジングの場面においても、彼らの主張を聞き届けなければば、お商売にならない。儲けのチャンスを逃しては、株主様に叱られる。

といった経緯で、堂々と「コミュニティなんてうざったいよ」という主張が社会全体に響き渡ったのではないだろうか。

この主張に社会の耳が傾けられたとき、コミュニティに関する議論は、「あなたの人付き合いはベタベタ派ですか？　それともサラサラ派ですか？」という極めて単純な議論に矮小化されてしまった。すなわち、「コミュニティは生活上不可欠なる要素ではなく、選択可能なライフスタイルの一つである」という感覚が世間ではかなり一般的な認識になった、といえるのではなかろうか。

事件としてのコミュニティ

それではもう、社会にとってコミュニティは限定的、あるいは選択的にしか必要ないのだろうか？　単純にそうでもないらしいことが認識される場面が、ときたま訪れる。それは「事件」によって生じる。

古い例をひけば、1974年に起きたピアノ殺人事件。ある県営の郊外集合住宅団地において、近所の子供が弾くピアノの音がうるさいという理由で殺人事件が起きた。犯人と被害者が顔見知りであったらこんなことは起こらなかったのではないか、という主張に対し、建築計画の分野では、近所から聞こえる音をうるさく感じる度合いと、その人の近所との顔見知りの度合いの相関がアンケートによって測られたりもした。同じ音圧レベルの値を示す音源でも、当事者どうしが顔見知りであるか否かによって、うるさいと感じるレベルが変わってくるという論は、いまだに集合住宅の防音対策が議論されるときに引き合いに出される。

ピアノ殺人事件ほど世間を騒がせはしなかったが、1980年代の半ばに東京郊外で起きた小さな事件は、ご近所づき合いがちゃんとしていれば生じなかったかも知れない。詳細は忘れたが、大筋はこうであった。東京では珍しいある大雪の日に、庭や道路に降り積もった雪が、それぞれの居住者によって道路の端に寄せられていた。寄せられた雪が隣家や真向かいの家の前に行ったり来たりして、しまいには刃傷沙汰になってしまったという事件である。実に他愛もない事件ではあるが、生活道路というセミ・パブリックな空間に対する認識をどう共有するのかが問われる事件であった。

この手の問題が都市住民の多くにとって未解決であることは、ゴミ置場をどこに設置するのかということでいさかいが起きているという報道をよく耳にすることからも明らかであろう。

1995年の阪神大震災も、コミュニティ関連の大きな事件であったといえよう。倒壊した家屋の下敷きになった人は、ご近所の顔見知り度が高ければ救出されやすい。高齢単身者の孤独死は、ご近所の親しいお付き合いによって未然に防ぐことができる場合がある。この手のわかりやすいコミュニティのありがたさが、震災報道の中で繰り返し強調された。

このおかげで、再開発や地域福祉の場面で、「阪神大震災でもおわかりのように、コミュニティは大事なんですよ」と説くことが、一種の合意形成促進剤となって機能するようになった。

上記した以外にも、世間に「なるほどコミュニティは大事だね」と納得してもらう事例はたくさん挙げられようが、こうした事例を山ほど積んでも、「コミュニティ＝煩わしくベタベタした付き合い」という図式は、いっこうに覆らない。

コミュニティのありがたさを説明するとき、理論的・数値的に説明できないことが多過ぎ、聞く人の直感にしか訴えかけることができないことも、コミュニティという言葉の敗因であろう。

手段としてのコミュニティ

それではそもそも、コミュニティとは何なのか。コミュニティの定義は幾通りにもでき、一義的ではない。一義的でないからこそ、「事件」という、より多くの人々の関心をひく「実例」でしか世間に訴えられなくなっている。

しかし「事件」からもわかるように、コミュニティは大事らしい。そしてまた、本稿の前段で述べたように、いわゆるコミュニティと呼ばれる組織や空間は、人生において「誰かに、何かに頼らざるを得ない」人々の多くにとって、大事らしい。

それでは「コミュニティとは何か」ではなく「コミュニティの機能は何か」という問いから出発してみてはどうか。

都市社会学者の倉沢進や森岡清などは、コミュニティが必要なのは、「共通・共同問題の共同解決」をするためだと説く。なぜこのような定義ができたかという裏話を、彼のお弟子さん筋に聞いたことがある。建築学や都市計画学の学者が、旧建設省の縄張りの中で飯を食っているのと同様、社会学者の一部は旧自治省の縄張りの中で飯を食っていた。建設省系ではコミュニティそのものは原則として予算立ての対象とはならないが、自治省にとっては地域自治組織としてのコミュニティ育成は大事なメシの種である。コミュニティリーダーをどう育成するか、自治活動をどう盛り上げるか、が現実的な課題であり、さまざまな予算立てが講じられる。当然社会学者はコミュニティ系の会議に出るとき、「そもそもコミュニティがなぜ必要なのですか？」と問われる。そのとき、いわば苦し紛れで発せられた理論が、「共同・共通問題の共同解決」だったのだと聞いたことがある。

苦し紛れであろうが、この定義には魅せられるところが充分にある。前述した「事件」としてのコミュニティの必要は、「近所の人に殺されない（ピアノ殺人事件）」「近所の人といさかいをしない（雪処理事件、ゴミ置場問題）」「近所の人に救出してもらう（阪神大震災）」といった共通・共同問題を予防的に解決するための手段としてのコミュニティの必要を訴えているのではないか。

こう考えた場合、コミュニティとはもはや、目標として目指すべきライフスタイルではなく、個人がそれぞれに目指しているライフスタイルを実現する際の「手段」になっている。このことから出発しなければ、「コミュニティvsDINKS＝ベタベタvsサラサラ」といった単純二項対立図式を乗り越えられないような気がする。

コミュニティが、特定の地域空間内に生きていれば誰でもが直面せざるを得ない「他人と共通する問題」を解く手段の一つだとすれば、あえて反対する人はいないだろう。

それではどうすべきか

コミュニティなるものに効用を発揮してもらおうと目論んだ場合、予見できる問題は限られている。はじめからコミュニティに解決を期待すべき問題が予見されているのならば、逆にコミュニティはその力を発揮することはないだろう。地域で生じる共通・共同たりうる問題が複数の人々によって複眼的に認識されて初めて、ご近所は知恵を絞り出すのである。

ご近所において「衆知を集める」場面がないと、問題は手っ取り早い「専門技術」によって個別解決されてしまう。住宅地の防犯対策としての防犯カメラ設置、違法駐車対策としてのカラー・コーン設置、街路樹の毛虫・日照障害対策としての極端な刈り込み（強剪定）、などなど。確かにこれらは解決ではあるが、個別の解決を単純に足し算すれば、防犯カメラとカラー・コーンと極端に刈り込まれた街路樹で町が構成されてしまうことになるだろうし、現在、多くの町はその方向に向かっているように見える。

やはりいま一度、地域で生じる共通・共同問題はどのように生じ、どのように解決されているのかという視点で、コミュニティを捉えなおしていく必要があるだろう。だから、今一度コミュニティの可能性を地道に追究すべきなのだと思う。

I

路地の魅力と「路地を耕す」ということ

汐入

東京都荒川区の南千住8丁目というところに、かつて、汐入《しおいり》と呼ばれた集落があった(図1)。かれこれ30年近くも前の話になってしまうが、私は大学4年生のころ、大学の先生や先輩に連れられて、初めてこの町を訪れ、この町を研究対象として調査することになった(注)。東京でも屈指の「路地の町」として有名であったこの町が、東京都の進める防災再開発の一種、白鬚西地区市街地再開発事業により取り壊され、高層住宅の林立する防災機能満載の町として生まれ変わる前に、是非、町の様子を記録にとどめると同時に、かつて、緑豊かな路地の町として有名であったこの町の成り立ちを勉強しようということで、調査を行ったのである。とはいえ、当時4年生であった私は、先生や先輩方にくっついて、見よう見まねで実測調査やヒアリング調査をしていただけではあったのだが。

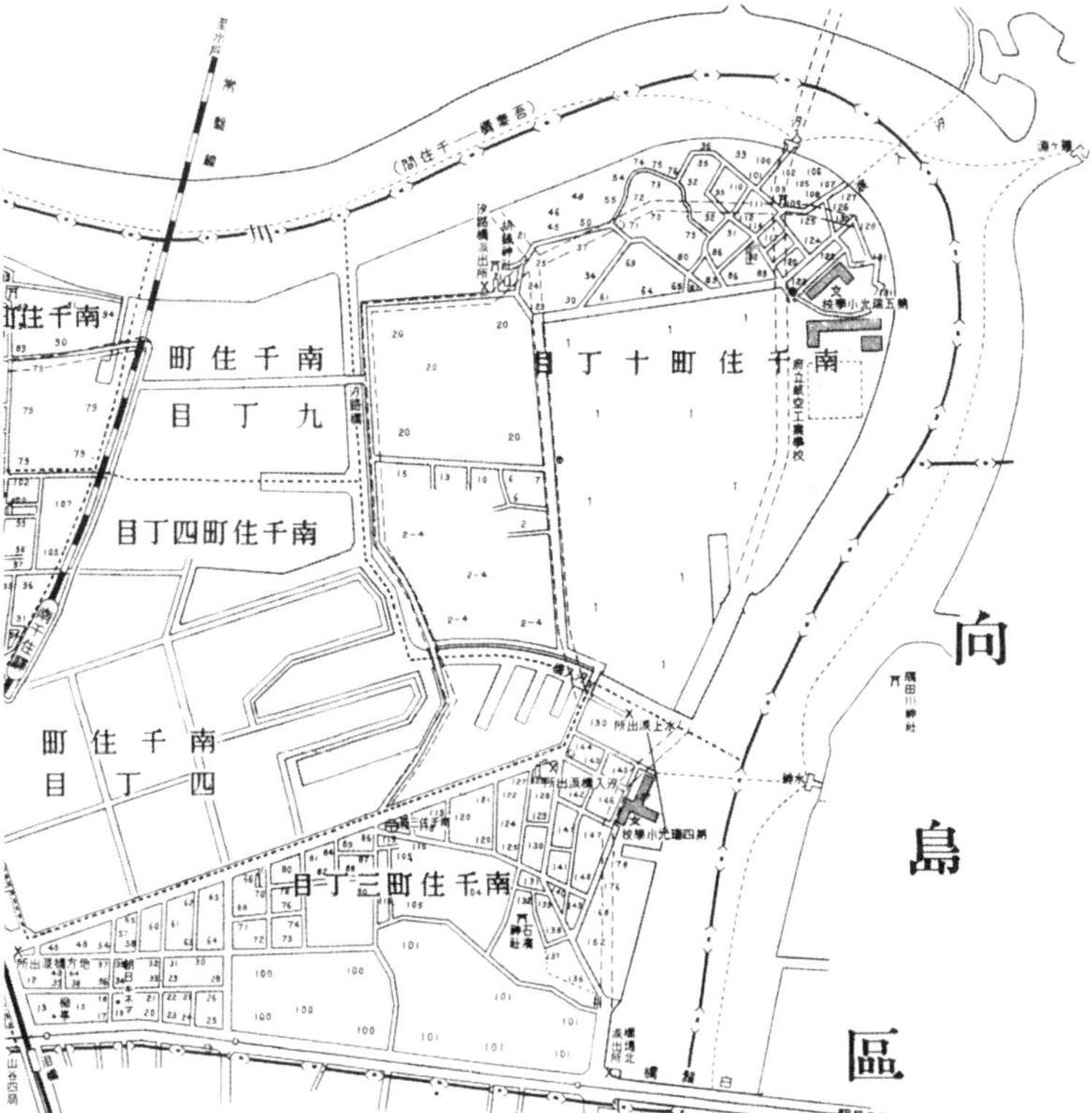

図1：昭和16年の汐入（『復刻・大東京三十五區分詳図（昭和十六年）・荒川區詳細図』人文社より）。

汐入（もしくは潮入、塩入）という地名は全国にあるらしいが、川の水と海の水が入り混じるところに、こうした地名が多いらしい。海の潮が入り込んで来るところ、という意味だろう。ここでとりあげる汐入という町は、隅田川が東京湾に向かってほぼ真っ直ぐに南に流れ込む手前、その流れを東から南に変えるために大きく湾曲した部分の、内側にあった町である。川が大きく湾曲した内側にあるがゆえに、湿地帯ではあるが、肥沃な土地ではあった。しかし、常に洪水の心配をしなければならない土地でもあった。

ここに集落が形成されるのは、江戸時代のはじめのことであるが、明治後半までは江戸近郊の農村集落であった。明治以降の江戸内外の急速な近代化にあまりさらされることなく、江戸以来の風習などが残っていたことから、民俗学者の柳田國男も、ここを訪れている。

ところが、明治29年には、近くに国鉄南千住駅が開かれ、汐入村の南側にはその後、瓦斯会社や紡績会社の工場が次々と立地するようになった。村の近くにこうした工場が立地することにより、村の中には田畑をつぶして工場労働者のための住まいなどを提供する人もあったが、この村が町に変貌するのは、大正12年の関東大震災の後であった。

関東大震災は、江戸時代から続いていた東京の町並みをほとんど焼き尽くしてしまい、多くの死者を出した。その多くが、地震ではなく火災によって亡くなった。こうしたことから、人口密度の高い既成市街地からの脱出を図った人々は多く、既に大正時代に始まっていた東京郊外の住宅地開発に、一挙に加速がついたのである。汐入村でも、東京都心部から移り住む人々のために、田畑をつぶして多くの貸し長屋が建設され、家内工業を営む人々や職工さんたちが移り住んできた。

もともと、汐入の村では、洪水の影響を最小限に食い止めるために、道路に洪水の水を流しながら受け流すために、北東から南西に抜ける道がつくられた。その道と、それに直行する道によってできるネットワークが基本的な村の骨格であり、その中に農家が点在するという比較的わかりやすい構成をとっていたのだが、関東大震災後には、点在する農家をとりまくように、次々に木造平屋を中心とした貸し長屋が建設され、いわば無秩序に、村が町に変貌していったのである。

下町的ということ

こうして、昭和初期には、農村的性格を有していた汐入村は、基本的には住宅市街地としての性格をもちながらも、内部に、家内工業を主とした小規模工業や、高密に住む人々をあてにした商業を内包した町となったのである。このような、住・商・工の機能を高密に内在させた町を、我々はその立地とは関係なく、「下町的」と呼んだりもするのだが、昭和以降の汐入は、まさにこの、下町的様相を年々色濃くしていったのであった(写真1)。

写真1：汐入の商店街、いろんな職種の人が通る。

写真2：路地沿いの緑、植木鉢をはみ出し大木になった木もある。

しかも、汐入は東・北・西は隅田川に囲まれ、南は紡績工場でふさがれているため、上野・浅草方面から延々と連担する市街地とは縁が切れた形であったので、地理的に孤立して下町的様相を深めていったのである。一番近い南千住駅から降りて、東の方面に向かえば、工場や操車場といった殺風景な光景を十数分経験した後に、ヒューマンで、アットホームとも言いうる、汐入の下町的町並みにたどりつくわけであるから、ここを訪れたことのある人にとっては、まるで砂漠の向こうの、人間味あふれるオアシスのような、そういう町であった。

私が、この町に感じていた大いなる魅力の一つは、この下町的なところにあった。一般的な市街地は、近代的な都市計画の用途地域制度により、基本的には、「住宅系」「商業系」「工業系」に分けられ、なるべくお互いの機能が、混ざり合わないようになっている。日本でこのような都市計画が導入されたのは、大正8年のことであったが、当初は、東京の一部にしか適用されていなかった。この都市計画は、昭和10年ころまでには、全国の主要都市に適用されるようになるのだが、今ほど用途規制の分類は細かくはなかった。時代が進むにつれて、用途がさらに分類され、都市計画の適用地域が広がって行くにつれ、日本では「下町的」様相をもつような市街地が、徐々にできにくくなったとも言いうる。だから、汐入のように、住・商・工の用途が混在し、しかもそれなりに調和しているような町を見ると、懐かしさを覚えるのだろう。かつて流行った映画の「3丁目の夕日」的な光景は、とりもなおさず、住・商・工という異種用途が、こぢんまりとではあるが、調和して併存している光景なのではなかったろうか。

汐入の路地

もう一つの汐入の魅力は「路地」だ。昭和25年にできた建築基準法のおかげで、建築物の建つ敷地は、原則として幅員4メートル以上の道路に、2メートル以上接しなければならないことになった。いわゆる接道義務である。この規制は、昭和25年以前の建築物には適用されなかったので、戦前に形成された汐入の町の路地は、その道幅が4メートルに満たなくても、存在し続けることが可能だったのである。

戦前の住宅地で住宅地内の道路が4メートルもないことは、いわば当たり前の現象だったのであるが、建築基準法以降につくられた住宅地内の道路は原則4メートル以上である。日本全国で、次第にこのような広い道路をもつ住宅地の方が当たり前となってしまった時には既に、汐入のような細い路地をもつ住宅地は稀少価値すら帯びるようになった。

もちろん、住宅の敷地がある一定幅以上の道路に面することは、極めて重要なことである。住宅に面する道路は、住宅と都市のインフラ（社会的生活基盤）の接点として重要だからである。住宅には必ず道を通ってアクセスできなければならない。お隣さんの庭先を通って、行き来していたのでは問題である。そればかりではなく、緊急時に消防車や救急車がたどり着かなければならない。命に関わることでもある。この点が、道路というインフラがことさら重要視される一因だと考えられる。また、家々の間の道路が狭いと、火災が起きたときに延焼しやすい。これも命に関わることで、道路というインフラは、幅が広い方が上等だという意識を生み出す根拠になっている。さらに、道路の下には、上下水道の配管というインフラが通り、道路の上には電線や電話線といったインフラが通されている。もちろん、道路が広い方が、そうした各種インフラを設置したりメンテナンスしたりすることが容易になる。だから、各方面から、住宅に接する道を広くせよとの要望が高まってきたのである。

こうした意味で、細い路地が戦前の木造老朽家屋の間の隙間を縫うように巡っている汐入という町が、防災再開発のエリアに指定され、東京都によって再開発されることになったのは、致し方のないことかも知れない。生命の危険から脱するために必要なことだったとはいえ、果たして、路地がそんなにいけないものかを今一度問うことも、許されてはいいのではないかと思う。車幅の狭い消防車や救急車の開発、各種の防災、消防、救急設備の技術的進展、があれば、ひょっとすると、もっと狭い道路に面していても我々の生活は成り立つかも知れない、と夢想したりもする。

図2：ある路地で採集した連続立面図（出典　43頁参照）。

路地の効用

こうした、昭和25年以前にしか許されなかった細い路地沿いの長屋群には、もともと、ほとんど専用庭らしきものがない。だから勢い、それぞれの玄関脇に、所狭しとばかり植木鉢がずらっと並ぶのである（写真2・3）。それも、地べたに一列に並べるだけではない。住民が植木鉢のための台をこしらえて、2段にも3段にも分けて、植木鉢を立体的に並べるのである。中には、勢い余って、屋根の上にまでサツキの盆栽を並べていたところもあった（写真4）。このように、路地に面する家々のいわば「専用庭」が、路地沿いの両側に連続することによって、路地は豊かな緑の空間となり、それが汐入のオアシス的な魅力を醸し出していたのである（図2）。

このような緑を維持するのに、住民は相当な手間暇をかけていたに違いない。朝夕の水遣りはもちろん、肥やしもあげないといけない。季節ごとの花を咲かせるためには、適切な時期に植え替えたり種をまいたりしなければならない。盆栽であれば、しかるべき季節にしかるべき手入れをしなければならない。カルシウムの補給のためか、卵の殻が多くの植木鉢から頭を出している。猫よけのおまじないとも、災害時の緊急用とも思える、

写真3: 夏になると一面朝顔の生け垣となるところもある。

写真4: 屋根の上に並べられたサツキの盆栽。

2リットルのペットボトルにも、数多く出くわす。路地状のオアシスをつくり、育むためにこのような多くの手間暇がかかっているとすれば、それだけの時間をかけて、住民が路地に出て作業をしているということになる（写真5）。

家の前の路地に、人が出ていること。これは実は、住宅地にとって極めて重要な現代的な意味を持っている。つまり、こんな細い路地に人ひとり立ってさえいれば、長くても30メートルくらいの長さしかない路地のどこからでも、その人の姿が目に入る。もちろん、立っている人はずっとここに住んでいる人。ここを通りがかる人が路地の人であるか、よその人であるかは一目で判かる。当然、見知らぬ人が路地を通ろうとすると、お声がかかる確率がぐんと高まる。だから、何か良からぬことを考えているよそ者にとっては、大変気まずい空間となる。だから必然的に、犯罪発生率も減ることになる。

また、朝晩の水遣りなどで路地に出ていると、路地を通るいろんな人と出くわすことになる。当然、路地を共有する人々とは挨拶もするし、長話もする。水遣りに路地に出たはずが、ご近所さんと話しこんでしまうこともしばしば。長話をしに路地に出たんだか、水遣りに出たんだか判らなくなることも多い。だけど、長話によって、しっかりと生活上の情報交換はなされる。路地を通学路として使う子供たちとも顔見知りになる。このように、路地沿いに植木鉢が展開するだけでも、いわゆるコミュニティというものは、立派にその防犯的機能を果たすと同時に、コミュニティの自己強化機能も果たしているると言えるのである。

また、汐入の場合、多くが平屋の長屋だったので、物干しの場を住宅の敷地内に用意するのが困難であった。これが、2階建ての長屋であれば、例えば、東京でもう一箇所路地の町として有名な、そしてもんじゃ焼きでも有名な月島のように、2階の窓先に木造や鉄骨で物干し台をこしらえて、陽当たりと通風のよりよいところで干せるのだが、平屋では屋根の上に物干し台をこしらえても、そこに登るための階段を別にこしらえなければならない。

だから、汐入では必然的に、物干し竿をかけるための柱が路地の脇に建てられ、数々の植木鉢とともに、路地をにぎやかにしていたのである（写真6）。植木に水を遣る時間以上に、洗濯物を干す時間帯は、住民どうしで重なる可能性が高いことは想像に難くない。もちろん、洗濯それ自体は各家の中にある洗濯機において行われるのだが、それを干す行為が同じ空間と時間で共有されることにより、自然と挨拶とおしゃべりが発生し、路地に、いわゆる井戸端会議的な行為が展開するのである。

しかも、路地の幅はそもそも、2メートル前後なので、車はおろかバイクでも通ることができない。自転車も、降りて押していかないと危険だ。だから、路地は小さい子供たちにとって格好の遊び場になる。安心して子供たちを遊ばせることのできる、子供パラダイスだ（写真7）。当然そこは、老人パラダイスでもある。子供が無邪気に遊ぶ姿を、玄関前にこしらえた縁台風

写真5：高く伸びた竹を剪定している様子。

写真6:路地沿いの物干し。

写真7: 通りで遊ぶ子供たち。

写真8: 路地で子供と水遊び。

の椅子に腰掛けて老人たちが見守る。あるいは、近所のお母さんたちが立ち話をしながら子供の面倒を見る（写真8）。このようにして、車に安全な路地空間は、同時に、犯罪にも強い空間となりうるのである。この光景を思えば、わざわざ住宅地の角々に、防犯カメラを備え付けて、セキュリティタウンとして売り出さざるをえない新しい住宅地が悲しく見えてくるのは、私ばかりではないはずだ。このように狭い路地は、単なる通路ではなく、下町生活上なくてはならない立派な生活空間に育っていったのだ。家の前の通路を、何十年もかかって、住民が「路地」に育て上げたのだとも言ってよいだろう。

住環境を「耕す」こと

これを別の言葉で表現すれば、「耕す」というのがピンと来るように思える。種をまき、水を遣り、草を取り、虫を取って世話をし、日除けをつくり、台風に備え、咲く花を喜び、実りを祝う。こうした、時間をかけてなにがしかを育てていくには、荒れ地を耕し、種から芽が出るようにしておかなければならない。長屋の前の軒下の空間に、植木鉢が置けるような台をこしらえ、洗濯物干しが架けられるように柱を立て、子供が遊ぶ様子を見守るために玄関脇に縁台風の腰掛けをこしらえる。こうした行為のすべてが、単なる「通路」であった空間を、「路地」として「耕す」ことになっているのではないか。

私は、住環境なるものをつくっていくことが、ひとり建築家や住宅供給業者のみの仕事とは考えていない。住環境はさまざまに、人々に「耕される」ことによって、葉を茂らせ、花を咲かせ、実を結ぶのだとしたら、建築家や住宅供給業者の仕事は、とりもなおさず「耕せる」あるいは「耕しやすい」空間を住まい手に供給することなのだろう。今の住まいづくりやまちづくりに大きく欠けているのは、「耕しやすい空間を提供する意識」と、「住環境を耕そうとする意識」なのではないだろうか。

(注) 本稿でとりあげた汐入に関する調査は、稲垣栄三東大名誉教授を会長とする「汐入研究会」によって行われたものである。稲垣栄三ほか『東京周縁の居住地形成と変容に関する歴史・計画学的研究──汐入の「まち」の記録──』住宅総合研究財団、丸善、１９９９年

(図２) 大月敏雄・伊藤毅・伊藤裕久・金行信輔・小林英之・菊地成朋・横山ゆりか・金子裕子・金井透・市岡綾子・稲垣栄三「路地をとりまく住戸群の住戸まわり空間の変容と管理に関する考察──汐入研究８──」『日本建築学会大会学術講演会梗概集』１９９４年

路地にお花畑を耕した人々

「お花畑」の創出

前章では、東京都荒川区の南千住8丁目にかつて存在していた「汐入」という、緑豊かなヒューマンスケールの路地で有名な町で、日常生活で路地が多様に「耕されている」様子について述べた。今回は、その中でも特に我々が心惹かれ、実際に何人もの居住者の方々にお話を伺うことのできた、ある具体的な路地の話をしよう。

汐入の町が防災再開発で消えてしまうというので、稲垣栄三東大名誉教授を団長とする調査団員は、それぞれの専門分野を活かしながら、汐入の町の中に具体的なフィールドを求めていった。建築史・都市史の専門家たちは近世から残る民家などに、建築計画の専門家たちは近代にできた長屋住宅の住まい方などに、それぞれの研究対象を求めていったのである。

さて、私たち建築計画のグループはやはり、近代の建築計画ではなかなか創出できない路地空間のよさの秘密を探ろうと、汐入らしい路地を求めていた。ある日、とある細長い路地のほぼ真ん中あたりにぽっこりと空き地があり、その空き地の中に所狭しと多数の植木鉢が置かれ、花が咲き乱れていたのを発見した。しかも、その空き地は金網のフェンスで四周を囲まれ、南京錠まで掛かっているのに、空き地の真ん中にはパイプ椅子と小さなテーブルが置かれている。いったい誰がどのようにしてこの空き地をつくったのか。それを知りたくて、我々はこの路地を調べることにしたのだ。ほぼ30年前の当時はまだ、昨今のように一般の住宅地の中で凶悪犯罪が起きたりする時代ではなく、個人情報保護法も当然なく、学生が住民に勉強のためにお話を聞かせてくださいとお宅にお願いに上がれば、たいていはお話を聞かせてくれたし、住宅の間取りも測らせてくれることが多かった。暑いさなかに路地に座り込みながら、路地の様子をスケッチし、図面化している我々に麦茶やアイスクリームの差し入れをもして下さった。しかし、今はなかなか「プライバシー」のハードルが高く、このような調査は難しい。

　このようにして、この路地を取り巻くいろんな人々のお話を伺うことができ、その中で花が咲き乱れる「空き地」の出生の秘密を知ることができたのだ。この空き地は、住民に「お花畑」と呼ばれていた。もともとは家が一軒建っていたのだが、再開発によって早いうちに東京都に買収され、取り壊されたのだという。都では、再開発のために買収した土地に、不法占拠防止のため金網のフェンスを張っていた。再開発が進んでいた当時の汐入の町ではこのフェンスに囲まれた土地が日に日に増えていた(写真1)。この路地に住む人々は、せっかく日当たりのよい場所ができたのに、フェンスで囲って使わなくてはもったいないということで、この空き地の隣に住む、路地の顔役的なおじさんが一策を講じることになった。

おじさんは都の再開発事務所に赴き、「うちの隣の空き地はあのまま放っておくと草も生えるし蚊もわくので、私が草取りをしてあげよう」といって、南京錠の鍵を事務所から借り出し、それを別の錠と取り替え、その新しい鍵のコピーを作って路地を取り巻く家々に配って回ったのだ(写真2)。フェンスの鍵を手にした路地の周りの人々は、思い思いに空き地に植木鉢を持ち寄り、ついでに椅子やテーブルをも持ち込んで、ついには空き地をお花畑と呼べるような空間に耕していったのである。そして天気がよければ路地を取り巻く居住者たちは、お茶やお菓子を持ち寄り、井戸端会議ならぬお花畑会議が繰り広げられるような空間に育てていったのである。

このお花畑創出の背景として、路地の周りの家々に、そもそも庭のような空間がなかったことが考えられる。汐入の多くの人々は、家に庭がないので路地を耕して、庭代わりにしていた。そうした家の前の路地と、緑との付き合い方に慣れていた人々に空き地を与えたら、路地の緑の延長としてこの空き地が耕されたのである。だから、植木鉢でいっぱいのお花畑は、植木鉢でいっぱいの路地空間と違和感なく共存していたのである(写真3)。

写真1: 汐入のフェンスに囲まれた空き地(別の場所で)。

写真2: フェンスの出入口には南京錠がかかっていたのだが……。

写真3: 路地をとりまく人々が思い思いに植木鉢を持ち寄ってつくったお花畑。

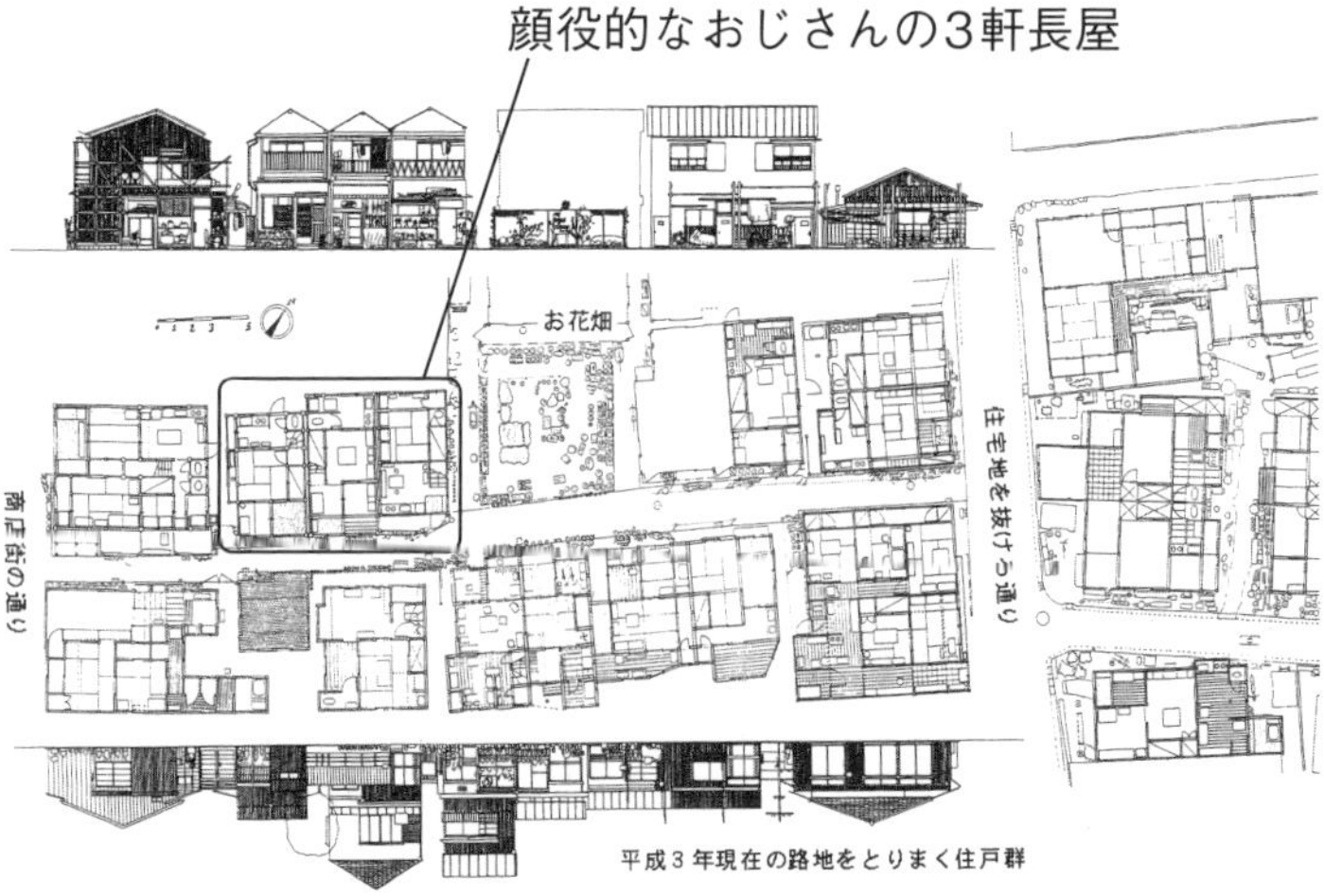

図1: お花畑をとりまく家々、今回の話はお花畑の左隣の3軒が舞台(出典　43頁参照)。

コミュニティと顔役的なおじさん

お花畑創出のきっかけをつくったのは、お花畑の隣に住む顔役的なおじさんであった。われわれは勝手に彼のことを顔役と呼んでいたのだが、今にして思えば、世話役と呼ぶべきかも知れない。町内会の偉い人とか、威張っている人とか言う意味ではなく、地域のいろんな仕事を喜んで引き受けてくれる、責任感があって人のいい、世話好きのおじさんといったニュアンスをこめて、我々が勝手に、こっそりこう呼んでいただけのことである。その顔役的なおじさんの家は、もともと関東大震災後に建てられた木造平屋の3軒長屋の東側にあった（図1、写真4）。土地も建物も地元の地主さんから借りていたが、戦後地主さんから打診があり、建物だけは買い取ることになった。戦時中から実施されていた地代家賃統制令によって、地主が勝手に家賃や地代を上げることが許されなかったために、維持経費のかかる貸家だけでも手放したいということで、戦後に居住者に払い下げられた貸家は全国にたくさんある。

顔役的なおじさんの長屋では、建物の買い取りは済んだが、その後長屋が老朽化したということで、3軒揃っていっせいに2階建ての戸建て住宅に建て替えている。世間では、密集した狭小戸建て住宅をなくそうと、特に防災面から戸建て住宅の共同建て替えを進める動きにあるが、それが2軒であっても3軒であっても、共同建て替えのための合意形成は相当に難しいものだ。当事者となる2軒や3軒の家族は、そもそも家族構成も蓄えも違えば、ライフスタイルも違うので、時を合わせて自宅を建て替えるとなると、互いに相当な譲歩をし合わなければならない。だから、共同建て替えや再開発というのは、一般的に何十年もの時間がかかることになる。こうしたことを考え合わせると、顔役的なおじさんの長屋では、建て替えられる建物形式が、再開発において一般的な「戸建て→共同」ではなく、「共同→戸建て」というものではあっても、実にすばやく合意形成ができた事例だと言えよう。

この建て替えによって顔役的なおじさんの家は一新した。以前の長屋は、路地に面して2畳分の土間の玄関があり、その脇に同じく路地に面して2畳の部屋があり、その奥に6畳の間があって、そこが茶の間となっていた。またその奥には板張りの台所とさらにその奥に便所があるという構成だった(図1)。こうした住宅の平面構成は、戦前の東京の長屋ではかなり一般的なものであった。しかし、顔役的なおじさんの家ではせっかく自前で新築するのだからということで、本当に彼の家らしい間取りになった。すなわち、路地に面していきなりLDKをつくったのだ。路地に面した玄関扉を開けると、畳半分だけの大きさのモルタル仕上げの靴脱ぎ場があるだけで、すぐに真ん中にダイニングテーブルが置かれているリビングダイニングに飛び込む形になる。そこには、いわゆる「玄関」らしき空間はなく、ご飯を作っているところ、ご飯を食べているところ、ご飯を食べ終わって団欒をしているところ、つまりごく一般的には家

写真4：お花畑と顔役的なおじさんの家の間の路地、ゴザやカーペットが敷いてある。

族のプライバシーとされているところが、玄関扉一枚でパブリックスペースである路地に面しているのだ。でも、顔役的なおじさんもその伴侶であるおばさんもこの間取りにしたかったのだという。

このご夫婦の楽しみは、近所の人と話すこと。趣味といってもいい。だから、家の玄関は、夏場はたいてい開けっ放し。台所の流し、コンロ、調理台が路地に面した南側の窓に向かって備え付けられているので、いつもおばさんは路地に顔を向けて台所仕事をすることになる。おばさんは気になるご近所さんが家の前を通れば声を掛け、すぐさま家に招き入れる。言葉は悪いが蟻地獄のようなのだ。つかまるほうの蟻も、声を掛けられることはまんざらでもない。そんなときに玄関のような空間があると、かえって面倒くさい。

玄関という空間は、律儀な挨拶を要求するものだからだ。その客人と扉を開けて話し込んでいると、また別の客人が挨拶ひとつで返事も待たずに上がりこんでくる。そんな極めて下町的な近所付き合いが好きだからこそ、このお宅の間取りは一見「変」なのである。たいてい、趣味を優先させてつくる家というのは一見「変」なのではあるが、近所付き合いという趣味を優先させてできたこの間取りは、この路地における目に見えないコミュニティのつながりを、目に見える形で空間化しているという意味で、大変興味深いのである。

隣から音や匂いが漏れることの意味

この顔役的なおじさんのお隣、つまり以前3軒長屋だったところの真ん中のお宅の奥さんからは、こんな話も聞くことができた。このお宅の西側の家、すなわち顔役的なおじさんの家と反対側の家には、おばあさんとタクシーの運転手をやっている息子さんが2人で住んでいた。息子さんは仕事柄、生活時間が不規則なので、いつも決まった時間に家にいるわけではない。しかしおばあさんは毎朝決まった時間に起きて、決まった時間に亡くなったおじいさんの仏壇にお供え物をして、お線香をあげ、リンと呼ばれる仏具をチーンと鳴らす。このおばあさんの家も、お話を伺った奥さんの家も、戸建て住宅なので、互いのお宅の間には2枚の壁があることになる。しかし、真ん中のお宅の奥さんには、おばあさんの毎朝の日課の様子は、どこから匂ってくるお線香の香りと、チーンという音が漏れてくるので、よくわかっていた。このことだけを考えると、この二つのお宅は、現在利用されている住宅性能表示制度からすれば、かなりレベルの低い住宅だとレッテル貼りされることだろう。

しかし、ある日の朝、隣のおばあさんの家からいつものようなお線香のにおいとリンの音が漏れてこない。これはきっとおばあさんに何かあったんだ。ということで、この奥さんは勝手知ったるおばあさんの家へ上がりこみ、風邪でダウンしていたおばあさんを発見し、病院に連れて行くことができた。もしこの家が、住宅性能表示で「高性能」のお墨付きをもらった「立派な」住宅であったならどうだろう。においも音も漏れてこないので、隣のおばあさんの日課を、そもそも知るきっかけができない。仮にその日課を知っていたとしても、しかるべき時におばあさんを助けに行くことはできない。孤独死という事態に至ったかもしれない。

別に住宅性能表示制度が悪いと言うつもりはさらさらないのだが、住宅の性能は高気密だとか高断熱だとかいう、数値だけで表現できるものではないのではないかと思う所以である。

汐入の路地の町をつぶさに調べてみると、現在我々が普通によい住宅や、よい住宅地としてイメージしているものとは、また違ったよい住宅、よい住宅地のあり方を示唆してくれているようである。

行商のおばちゃんと出入りの大工さんの重要性

昔あったお客さん

私が生まれ育ったのは、福岡県の八女市という農村地域である。40年以上前、私が子どもだったころは、私の村はいわゆる高度経済成長の影響をほとんど受けていなかった。八百屋はそもそも農村なのであまり必要ないし、魚屋や肉屋といったものは村の中心や町に行かなければなかった。近くの店はといえば、酒屋と文具屋とタバコ屋と駄菓子屋を兼ねたような店が、小学校や農協の前に1、2軒あるだけであった。

それでも、今思い起こしてみれば、私の子供の頃には結構、「客人」が来ていたのを思い出す。盆暮れ正月やお彼岸や法事にやってくる親戚筋のお客さんなどではなく、商売にやってくるお客さんだ。その「客人」からしてみれば、ものを買ってくれるこっちのほうがお客さんなのだろうが、おうちにいる人の立場からすれば、商売でやってくる人もやはり、お客人には違いない。

私のうちは農業をやっているので、野菜はほぼ自前である。でも、肉や魚だけは買わなければならない。だからだろうか。毎週きまってスクーターに乗って魚屋のおじさんがうちに魚を売りに来ていた。なぜか、豆腐などもついでに売っていた。だから、私はいわゆる豆腐屋のラッパというものをテレビ以外で聞いたことがなかった。魚屋のおじさんは、いつも私のばあちゃんとひとしきり談笑したのち、去って行った。

このようにうちに商売に来る人は、ほかにもいた。置き薬を売りに来る、いわゆる富山の薬売りも来ていた。ゴザ屋や竿竹屋、あさり売り、お米のポン菓子屋、ラーメンの屋台も車で巡回していた。が、やってくるのが不定期で、いつ来るのかわからなかったので、こうしたお客人は、かえって子供心にはときめく存在であった。

魚屋さんのように定期的にやってくる人はほかに、郵貯の集金に来る郵便局のおじさんなどがあった。私の父親の友人だったので、集金に来た時はいつも長めに話し込んでいたような気がする。このほかに、農業をやっているので、機械屋さんや肥料屋さんも、よく来ては仕事以外の話を親や祖父母としていた。やってくるのはいつもお昼を終えた頃であった。農家はたいていお昼には家にいるものだから、お昼のあとにお客さんはやってくる。そして、玄関ではなく直接玄関わきの縁側にやってくる。最初は縁側に腰かけてしゃべっているのだが、時間がたつと上がりこんで、うちの人とお昼のテレビ番組を見ながらおしゃべりしている。

どこの村の誰ちゃんが結婚しただの、子供が生まれただの、今年の作柄がどうのだの。こうした何気ない情報交換、つまり、よその村の出来事、よその家の出来事など、プライバシーを侵さない程度のやりとりが、情報に飢えている田舎の生活には必要だったのだろう。たまには、子供心に、それはプライバシーの侵害ではないかと思える内容もやり取りされていたような気もするが、子供には与り知らぬことであった。

汐入の行商のおばちゃん

そんな田舎者である私が、東京に出てきて驚いたことの一つに、行商のおばちゃんの存在があった。よく、上野から常磐線や東北線方面へ乗ると出くわした。モンペ姿で手拭いで頬かむりをして、小さな背中の何倍もあろうかと思われる大きなカゴを背負っていた。私が学生だった30年ほど前までは、こうしたおばちゃんを目撃することができたが、今は昔ほど見かけることはないのではなかろうか。

少なくとも、私の田舎では電車も通っていないし、こんな行商のおばちゃんは見かけたことはなかった。たぶん、北関東の農家のおばさんがとれたての野菜を東京の人々に売りに来ているんだろうという想像はついたが、それ以上のことは知る由もなかった。

ところが、前章までに見てきた、荒川区の南千住8丁目にかつてあった、路地の町、汐入を調査しているときに、行商のおばちゃんが商いをしているところに出くわしたのだ。路地沿いの家の人々がみんなで空き地にお花畑をつくっていた、あの路地の入り口の家に、行商のおばちゃんが来ていたのだ（図1）。

あとで、その家の方にお話を聞いたら、行商のおばちゃんは結構前から来ているらしい。この路地には毎週1回、決まった曜日の決まった時刻に来ている。確か千葉から来ているらしく、常磐線の南千住駅で降り、汐入の町で数ヵ所、寄って行くところが決まっている。そのルートも決まっている。

私の調査した路地では、このお宅の玄関先が行商のおばちゃんのお店として定着していた。この路地では、このお宅だけ門扉があり、玄関に比較的ゆとりがあったためであろうか。ここが行商のおばちゃんのお店と定まっていた（図2）。そして、毎週ある時刻になると、行商のおばちゃん目当てに、路地の主だった面々が集まってくる。行商のおばちゃんはもちろん、とりたての野菜も売っているが、そのほか、おはぎなど、季節ごとの品々を作って届けに来てくれる。前の週に品物を予約しておけば、翌週には運んできてくれる。こうしたきめの細かいサービスと品物の良さに、路地のおばさん方は惹きつけられて集まっていたのだ。

しかし、それだけではない。品物とお金のやり取りのあと、行商のおばちゃんがほかの町や地域で起こっていることなどを伝えてくれるのが面白いというのだ。誰々さんの旦那さんが入院しただの、どこの坊ちゃんはどの大学に入学しただの。それはまさに、私の田舎の家の昼過ぎに繰り広げられていた、情報交換の場であったのだ。しかも、集団で。

こんな大都会東京でも、私の田舎のような、ほのぼのとしたやり取りが行われているのを目撃して、感激したのを覚えている。東京でも、田舎のような近所づきあいができていて、こうした情報交換を面白おかしくやっていたのだ。これぞ井戸端会議だと思った。

路地に住むおばちゃんたちがこうして得た情報は、おそらくこの街で生活する人々にとっては、結構重要なことに違いない。喜ばしいことであっても、悲しいことであっても、自分が知っている近所の人の身の上に何か新しい出来事があったら、同じ地元民として何かもの言わねばなるまい。その人と、いつ街中で出くわすかわからない。そんなときに、気の利いたご挨拶、おめでとうの言葉やねぎらいの言葉、慰めの言葉、こうした挨拶を交わすことができれば、あの方は気の利いた方ねと思われたりもするだろう。逆に、その出来事を知っていれば、うまく会話の流れをコントロールし、虎の尾を踏まないようにすることだってできる。やはりコミュニケーションをスムーズに成り立たせるためには、情報が必要である。地域の中でうまく暮らしていくための情報が重要なのだ。

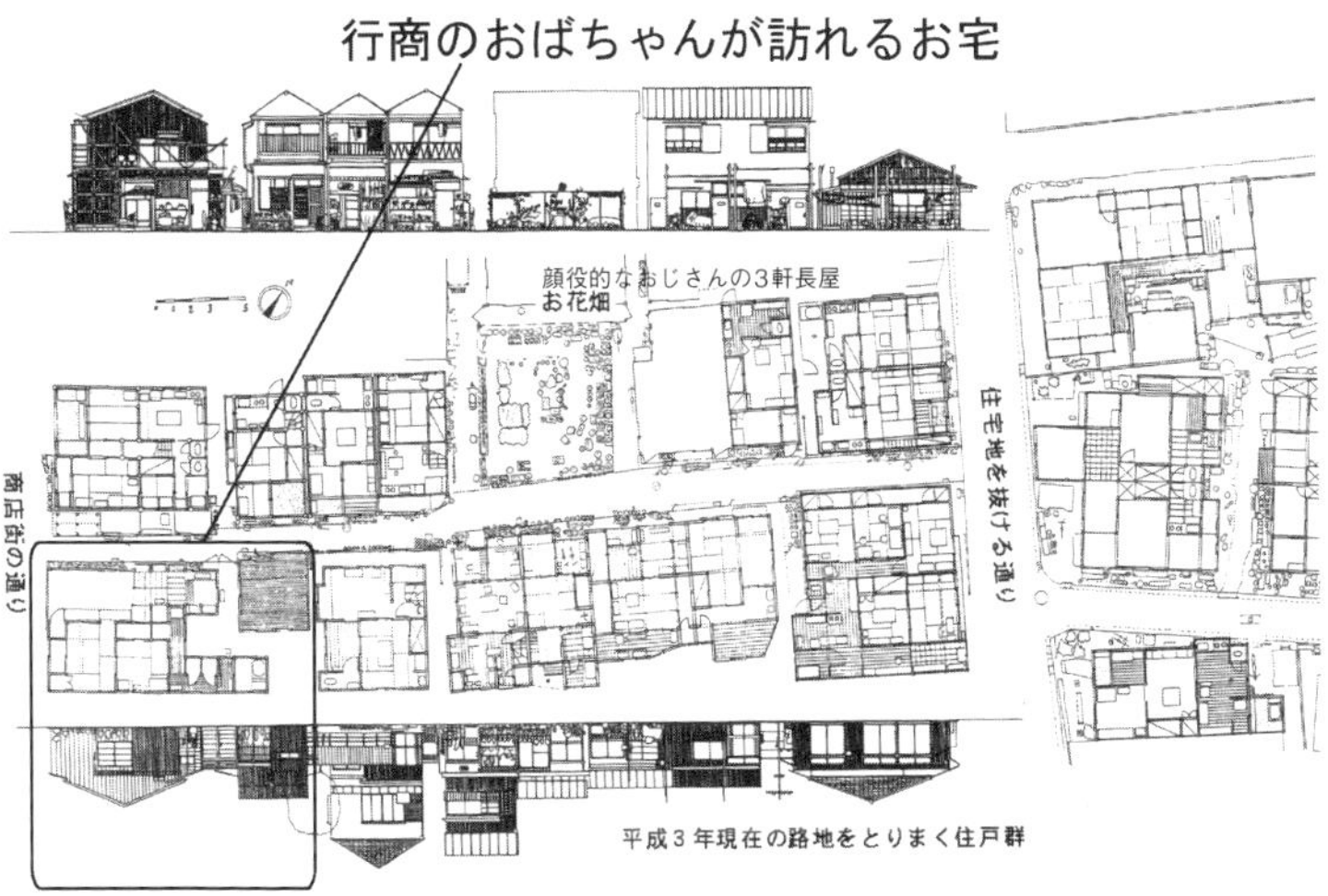

図1: 汐入のある路地の様子（行商のおばちゃんが来るお宅を示す）。

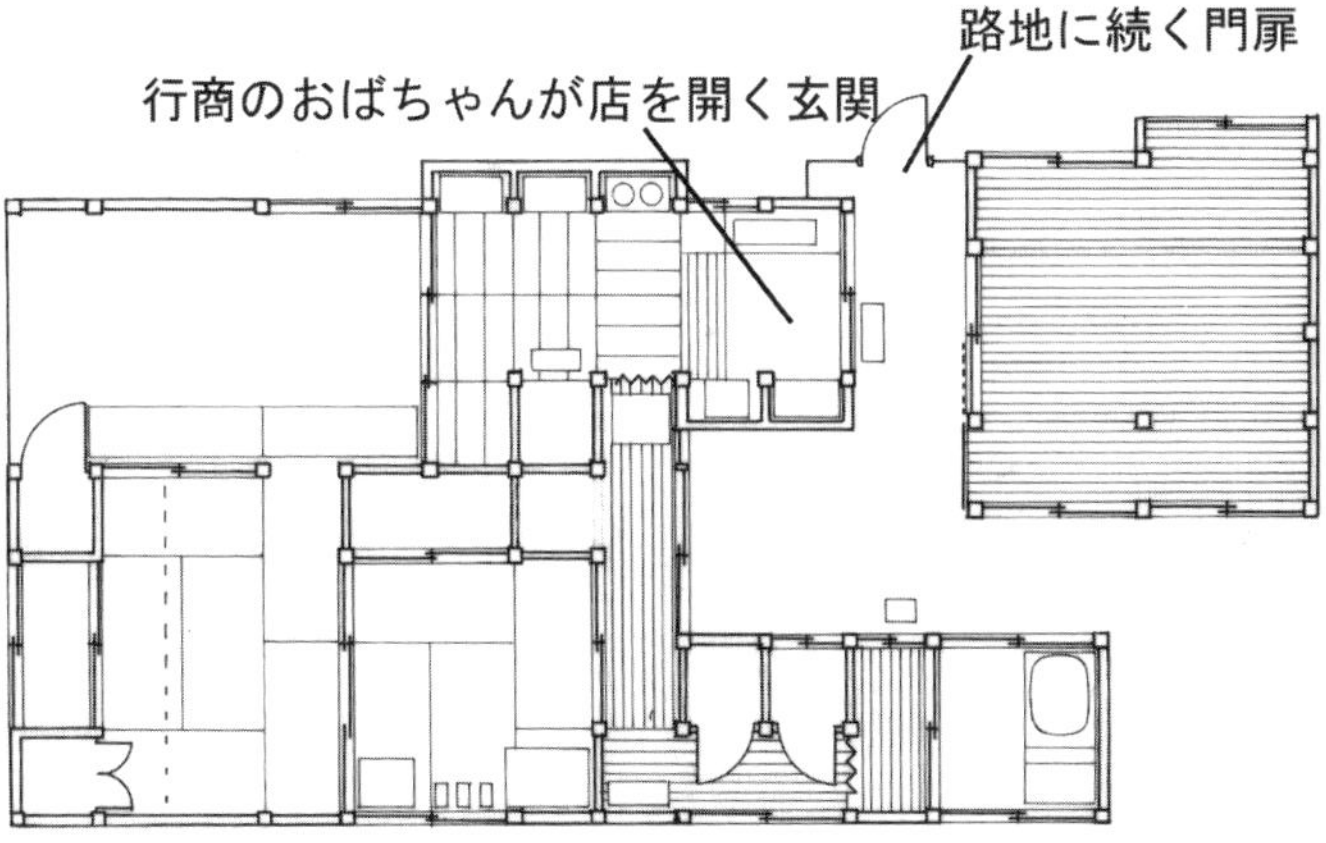

図2: 行商のおばちゃんが来るお宅の平面図。

横浜洋館付住宅の出入りの大工さん

こんな風に、住宅や住宅街に、商売としてよその人がやってきて、住民にとっては気晴らしともなり、ある種の情報収集ともなることは、結構普遍的なことだったのかもしれない。そして、もう一つ、商売に来た人が、もっとダイレクトに有効に機能することもあるのだ、という例をあげてみよう。

20年ほど前に、横浜の中心部で住宅の調査をしていた時のことだ。「横浜洋館付住宅」なる造語をつくって、昭和初期に横浜にたくさん建てられた、玄関わきの一間だけ洋館になっているような住宅を調べていた。大正時代に、中流階級の戸建て住宅では1室だけ洋間にするというのが流行り始めた。特に関東では、大正12年の関東大震災後に、このような住宅がたくさん建設され、戦前の良好な住宅地のシンボルといえるような存在であった（写真1、2）。

しかし、バブル期を過ぎてみると、かつては街の中にたくさん見られた洋館付きの住宅がどんどん減っていった。そこで、地元の人々と一緒に、どれだけこうした建物が残っているか調べようということになった。こうした建物は、関東では文化住宅と呼ばれることもあり、中廊下を伴うことも多いので建築学的には中廊下式住宅と呼ばれることもあった。しかし、文化住宅では関西の木造アパートのようだし、中廊下ではイメージがわかないということで、「洋館付住宅」という呼び方にしたのだ。この調査活動はその後、「よこはま洋館付き住宅を考える

写真1: 横浜洋館付住宅、洋館部分破風のアップ。

写真2: 横浜洋館付住宅、立派な2階建洋館。

会」というNPO活動として継承されているようである。

さて、こうした調査の中で、ある独り暮らしのおばあさんがこんなことを語ってくれた。

おばあさんの住むこの洋館付住宅は、彼女のお義父さんが戦前がんばってつくってくれた立派な住宅なので、自分が死ぬまではこの家を壊したくない。幸い、この家には、出入りの大工さんがいて、ちょっとしたことでも電話で呼べば来てくれて、すぐに直してくれるので助かる。もちろん、いろいろと世間話をしてゆくので楽しい。台風が来たあとなんかは、すぐに来てくれて、この間なんかは頼みもしないのに台風で倒れた物干し台を起こしてくれた。

確かに、台風で倒れた物干し台をおばあさん一人で起こすのは無理だろう。遠くの親せきより、近くの他人。近くの他人より、出入りの大工。といったところだろうか。

商売人としてのお客人

しかるに、現代日本において、こうしたかつての「お客人」のような存在は許容されているのだろうか。

本章冒頭で述べた、私の郷里である八女市では、その後たくさんスーパーができ、お母さんたちは車で買い物に行くようになり、いつしか魚屋さんは来なくなった。汐入では、再開発のために路地がなくなり、高層住宅群にはもう行商のおばちゃんは来てないだろう。また、最近では台風のあとにはよからぬ業者がやってきて、屋根を修繕したとして法外な費用を請求したりする悪徳業者が目立つと聞く。

それでも、地域に生きるわれわれには、決してインターネットやショップチャンネルでは得られない、商品以外の地域の情報を知るための、何がしかのチャンネル（情報源）が必要なのではないか。日々の暮らしをちょっとだけ豊かにするための、ささやかな情報交換。そして、気易くものを頼める人間関係。それを担っていたのが、行商のおばちゃんであり、出入りの大工であり、商売人としてのお客人であったのではないだろうか。

いまわれわれは、いつの間にかそれを失い始めているような気がしている。

足まわりを耕す

足まわり

建築用語に、「足まわり」というのがある。敷地に建物を建てたときの、建物の足元周辺のことをいう。一般的には「外構」と呼ばれている建物と敷地境界線とのあいだの空間や、建物の1階部分を指す。この言葉は、特に高い建物を建てたときに用いられることが多い。だから、戸建て住宅関連ではあまり使わないのだが、中高層マンションなんかではこれが重要なキーワードとなる。

10年ほど前に、東京23区に新築されたマンションをなるべく多く見学しようと企て、車で見て回ったことがある。80ヶ所くらい見た。そのとき気になったのが「足まわり」のデザインであった。多くの物件は、1階から最上階までほぼ同じ調子でデザインされている。中には、1階に住む人のための専用庭を設けたりしているところもあるが、これは比較的郊外の住宅地に建つ中低層マンションの場合だ。一方で都心の高い地価をなるべく吸収しようと、敷地目いっぱいに建つマンションにおいては、その外観が下から上まで一本調子なことが多い。「足まわり」がデザインされてないのである。

「足まわり」が考えられていないとどうなるか。たとえば、商店街のいくつかの店がなくなって、ポーンと、1階から最上階まですべて住宅で構成される高層マンションが建つことがある。こうしたことが起きると、せっかく地域的に時間をかけて形成されてきた商店の町並みや町のにぎやかさを、奪ってしまうことになりかねない。こうした市街地の通り沿いのお店というのは、通りに何軒あればいいというものではないが、連続して並んでいることが重要なのだ。そのことがその町をその町たらしめ、賑わいを醸し出してくれるのだ。だから、都心部の商店街の1階までをも住宅にしてしまうような計画には、ちょっと賛成しかねる部分がある。

もちろん、足まわりが商店や飲食店だと、騒音、排気、害虫の問題など、住宅と異なる用途を混在させることによって生じる問題は必ず起こるが、これはきちんと、設備計画などにおいてあらかじめ対策を立てて計画を練ることで、ほぼ解決できるはずだ。

公開空地

さて、このようにマンションの「足まわり」のデザインはまだまだ練る余地がありそうなのだが、最近では、いわゆる「公開空地」なるものを、マンションの足まわりに配した物件も多い。「公開空地」というのは、建築物を建てる際に、ある一定の条件を満たした「一般の人々がいつでも使えるように公開された空間」を提供することによって、容積率アップというボーナスをあげましょうという制度によってできた空間である。

これを行政的な視点から見ると、安らぎと潤いの空間が不足しがちな都市において、「公開空地」という公園のようなスペースが、建築の建て主の負担でつくられていくのは結構なことだということになる。ただ、容積率を上げると普通より高い建築物になるので、景観や日照の問題を増しやすい。

一方で、これを建て主の側から見ると、使い出のある1階の空間を「公開空地」として公共に差し出すというデメリットもあるが、容積率アップというボーナスはそれを補って余りある。このような算盤がはじかれて、公開空地がつくられていくのである。しかし何といっても、緑豊かな空地に囲まれた建築物はそこを使う人にとっては心地よく、建築環境としての価値は高まることは間違いない。

ところがこの公開空地、町のあちこちで見かけるようになったが、実際にうまく使われているのだろうか。少なくとも私の観察では、行政が期待するような公園のような使われ方になっているところは少なさそうだ。

たとえば、都心のオフィス街にある大会社の本社ビルなどは公開空地をもつところが多いが、なんだか寂しいところが多い。写真1を見ると、たしかに空地ではあるが、「たたずむところ」がない。居場所らしきものが見つからないことが多い。イスはあまり置いていない。あっても、お尻の痛くなりそうなイスが多い。そして警備員さんがこちらを遠目ににらんでいたりする。「ここを使うなよ」といわんばかりだ。それもそのはず、公開空地を設計するときに考えられている大事なことは「管理」なのだ。ホームレスの人々の居場所にならない。夜中に煙草をふかしてごみを散らかす悪ガキのたまり場にならない。淫らな行為がなされるような物陰をつくらない。などなど、「管理」という側面から考えていけば、憩いの場からだんだん遠のいていくのだ。

ではマンションなんかではどうか。今では少し郊外でも公園のような公開空地をつくっているマンションが増えているようだ。都心とは違って、ホームレスなどの問題はあまり起こりそうにない。だからか、都心の公開空地のように殺風景なしつらえにはあまりなっていない。ところが、ここでも公開空地は使いにくかったりするようだ。マンションの公開空地なので、基本的には居住者の共有地である。自分の住む土地の一部を他人に使わせていることを快く思わない人も、中にはいるだろう。そしてよく聞く話が、公開空地を使う人の声や音がうるさいから使わせないようにしよう、という意見があったりすることだ。こうなっては、なかなか使えるようにならないのではないか。写真2はマンション敷地から近代産業に関わる遺跡が見つかったので、公開空地にてその一部を保存・展示している例だが、こういう気の利いた空地のつくり方は、なかなかお目にかかれない。

実態調査

そんなことを考えていたので、2004年に学生さんと一緒に公開空地の実態調査をしてみた（注1）。東京23区全域を調べるのはさすがに大変なので、オフィスも住宅もそこそこありそうな港区を選んだ。港区の公開空地は100件余りあり、東京都では一番多い。このうちの半数弱を調査対象にして、実態調査を試みたのだが、結論は大きくいって二つ。

一つ目は、公開空地を利用する人で一番多いのは、喫煙者であったことだ。他に見られた行為としては、「買い物」「携帯電話」「飲食」「休憩」などがあったが、喫煙は断トツであった。これは、2005年に実施された健康増進法と深いかかわりがあるとみてよい。公開空地があるのは大抵でかいビルなので、大会社の社員がよく利用する。大会社は、健康増進法などの取り組みには熱心なので、いち早くオフィス内に煙草を吸う場所がなくなる。そこで勢い、公開空地の灰皿に多くがたむろするという構図となる。せっかく頑張ってつくった公開空地を一番利用しているのは、喫煙者。一種の公園でもあり、都市の顔でもあり、その建物の顔でもある

写真1: 都心のオフィスの公開空地、どこにも「たたずむ」「くつろぐ」場所はない。

写真2: 横浜にある、近代産業遺産を公開空地に残した見識の高いマンション。

べき公開空地で、一番よくみかけられる行為が喫煙とは、ちょっぴり情けなかろう。

結論の二つ目は、1階にコンビニやファーストフードなどの飲食物を売っている店が入っていると、「飲食」だけではなく「休憩」「会話」といったような多様なパターンを伴う行動が起きやすいことがわかった。もちろん、こうしたお店が入っていると、喫煙も増え、ごみも増えるのだが、掃除などはお店の人が仕事の延長でやってくれる。多様な、オープンスペースらしい行動を誘発するには、「お店」のような機能が、足まわりに入っていることが重要なのだなと思った次第であった。

足湯で足まわりを耕す

そんな調査結果がまとまりかけていた時、千代田区神田錦町にある「ちよだプラットフォームスクウェア」に出会った。ここは、1981年に千代田区立産業会館として建設されたところだが、赤字解消のため2003年この施設を活用した事業コンペが行われ、その結果、起業を試みる人々が集まるインキュベーションセンター機能を中心に備えた企画が採用された。建物は大規模改修され、様々なビジネスアイデアを温めている人々が寄り集まる場所となった(注2)。そこで私が注目したのは、そこの広場であった(写真3)。建物の東側に四角い土地が空いている。プラットフォームスクウェアではこの半分をウッドデッキとして、イスとテーブ

写真3：ちよだプラットフォームスクウェア（建物の手前が広場）。

写真4：広場のネオ屋台。

写真5：足湯の試作品づくり。

写真6: 完成した足湯。

ルが並べられた。そして残りの半分を週に何度かやってくる「ネオ屋台」と呼ばれるワゴン車の屋台が数台、昼時にやってきていた（写真4）。ここは公開空地ではないが、前述の調査結果に違わず、こうしたお店がお昼の時間だけにせよ、活気のなかった広場を活気づかせていたのは事実である。（図1・2）は、お昼時に広場に集まった人を地図に落としたものだが、明らかにネオ屋台のにぎわい効果は高い。ただ、ネオ屋台とウッドデッキと藤棚の関係がなんだか別々で、広場全体としての楽しさは演出できてない。

そこで、建築家の西田司さんや、東京理科大学、首都大学東京、テンプル大学（米国）の学生さんたちと一緒に、ここに「足湯」を作ってみようというワークショップにチャレンジした（注3）（写真5）。２００５年の10月３日から10日まで行ったのだが、なかなかの評判で、多くのサラリーマンがわざわざ靴下を脱いで、くつろいでいってくれた（写真6）。広場全体に、いろんなパターンの行動をとる人々が観察できたのだ（図3）。

この足湯が、足まわりのデザインとしてどれほど一般性をもっているかについては、はなはだ心もとないが、こうしたイベントのもつ重要性は、まだまだ建物の足まわりの空間には、「耕す」べき余地が残っているんだなと、人々に問いかけることであろう。足まわりに限らず、我々の身の回りにはもっともっと「耕す」べき空間がいっぱい眠っていそうだ。

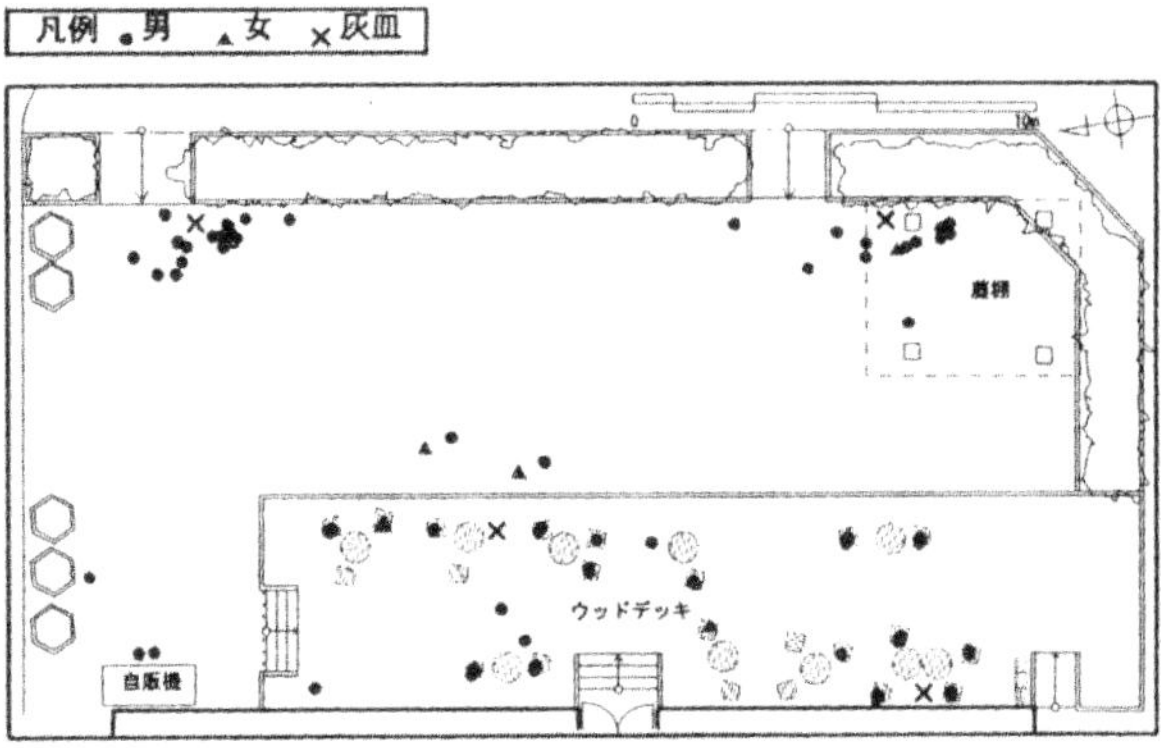

図1: 何もない場合の人のプロット。

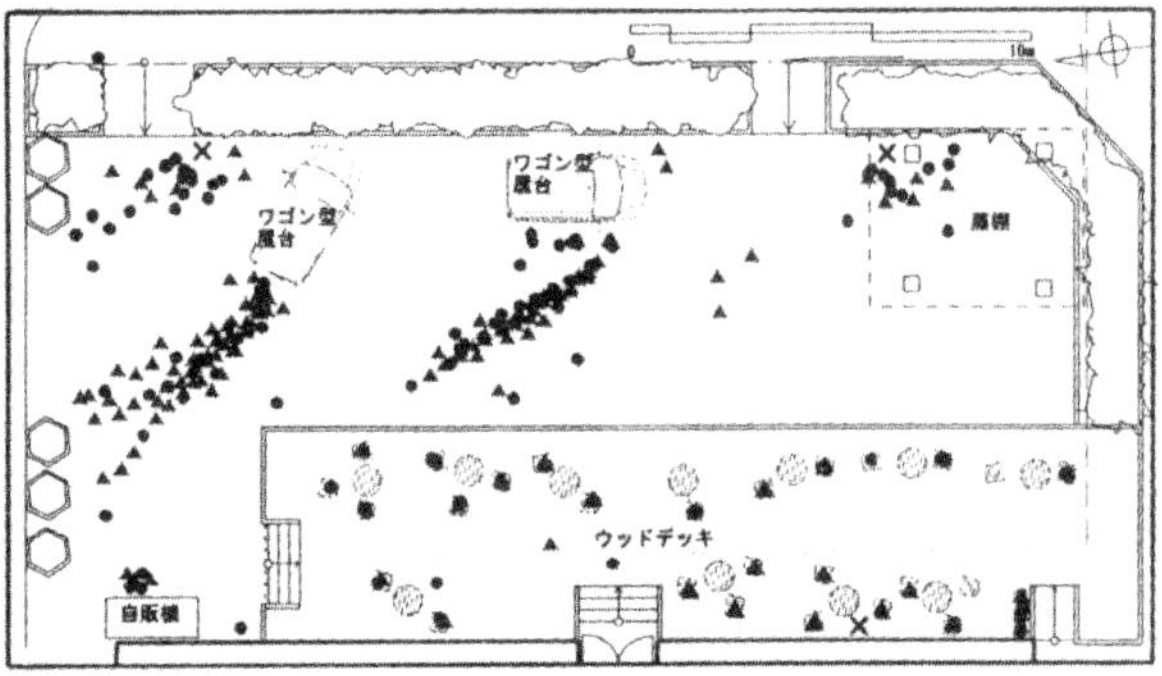

図2: ネオ屋台がある場合の人のプロット。

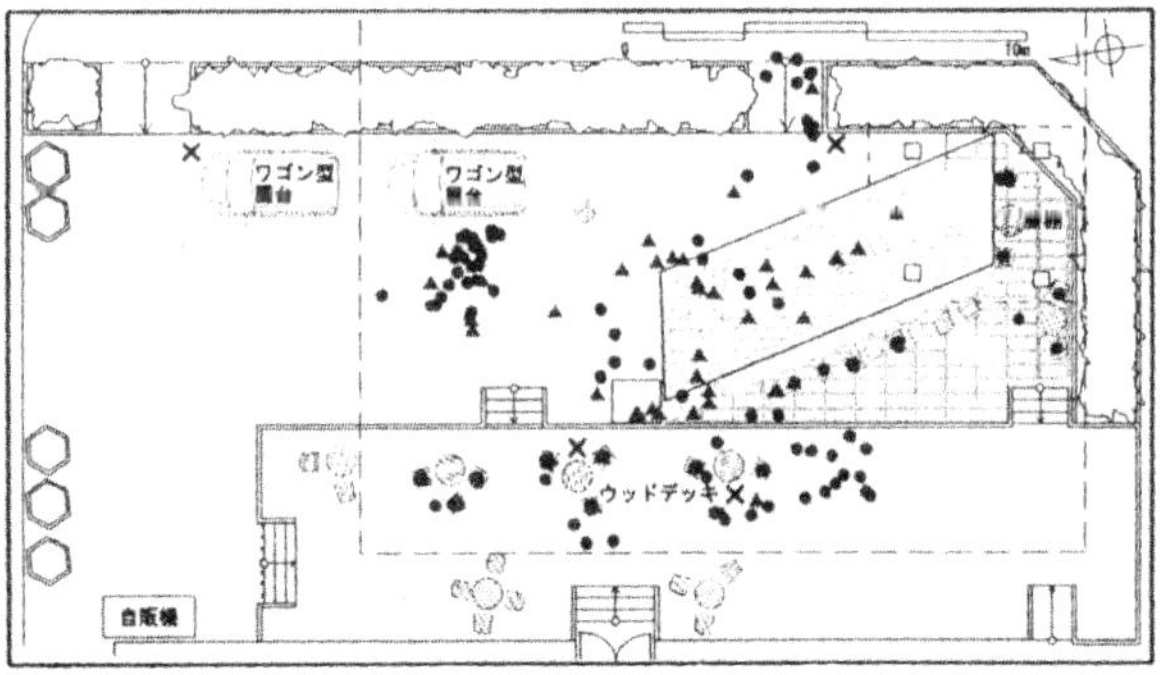

図3: 屋台と足場がある場合の人のプロット(点線内のみ記録)。

（注1）跡部毅『東京港区における公開空地の利用実態に関する考察』東京理科大学工学部建築学科卒業論文、2005年

（注2）枝見太朗『非営利型株式会社が地域を変える〜ちよだプラットフォームスクウェアの挑戦』ぎょうせい、2006年

（注3）竹内友子『公共広場の有効活用に関する実験的考察―千代田プラットフォームスクウェアを事例に』東京理科大学工学部建築学科卒業論文、2006年

集合住宅の屋上を耕す

細君万歳の屋上

センさえひねればたらひに水道の水が落ち、洗濯を終はると何一つさえぎる物もない太陽直射の屋上で、洗ひ物をかわかすことができるといふ実に細君万歳の設備

大正15年、すなわち昭和元年の新聞記事にこんなことが書いてあったそうだ（注）。この細君万歳の設備とは、ある集合住宅の屋上に設置された共同洗濯場のことであった。その集合住宅とは、大正12年5月に竣工した東京市営古石場住宅のことだ。当時は、東京の都心部に東京市という行政組織があり、現在の東京都区部に相当するのだが、そこが建てた公営住宅である。

日本では、明治時代の後半から産業革命が起こり、東京、大阪をはじめとする工業地帯では上下水道や道路が整備されないまま市街化が進んでいた。その結果、細民街や不良住宅などと

呼ばれる、今風に言えばスラムが、都市内に大量発生していた。そしてこの新しい都市問題は、徐々に行政の対象となっていった。なぜなら、大きく言って二種類の社会問題が、スラムを発生源として生じると考えられていたからである。

そのひとつは、コレラやチフスなどの伝染病。上下水が整わないところに過密居住すると確かにこの問題は生じやすい。そしてもうひとつが、反政府思想の培養。反政府的な思想を持った者が潜伏しやすく、貧乏で不遇な人々は得てしてそうした人に同情を寄せやすいと考えられた。

こうした状況を背景として、政府がようやくヨーロッパ並みに公的な住宅供給に着手し始めたのが、大正9年あたりからであった。直接的なきっかけは、大正7年に起きた米騒動であった。比較的貧しい庶民が、全国各地で同時多発的に暴動を起こしたのである。さすがの政府もこれにはびっくりして、庶民生活の向上策について、本格的かつ具体的に講じなければならなくなったのである。その結果できたのが、公設市場や公営住宅（当時正式には公益住宅と呼ばれた）であった。

こうして、東京、横浜、名古屋、京都、大阪、神戸の六大都市で、地方公共団体が庶民向けの公営住宅を建設する場合には、政府が低利融資の便宜を図るという制度ができ、その結果、それらの都市では戸建て住宅や長屋を中心とした木造住宅団地が建設されていった。

こうした中で、大正10年横浜市で2階建ての鉄筋コンクリートブロック造の集合住宅が建設されたのであった。現在の鉄筋コンクリート造とは異なり、壁を鉄筋入りのコンクリートブロックでつくる方式である。それは、中村町住宅という木造団地の中の一角に建設された、中村町第一共同住宅館という2階建ての独身者用のアパートであった（写真1）。この建物は、日本の公的住宅の中では初めて、異なる住戸がタテ方向に積み重なった形式の「積層型集合住宅」であった。しかも、屋上に洗濯場も用意されていた。

大都市ではすでに、明治38年あたりから高等下宿と呼ばれる、最高で5階建てまでの木造集合住宅が建設されたりしていたが、公的な不燃造の集合住宅は、この大正10年の横浜市営中村町第一共同住宅館が初めてであった。そして、大都市の集合住宅で、屋上に人が自由に行き来できる空間をもつことも初めてであったのだ。木造の高等下宿は屋根を瓦で葺いていたので、屋上と呼べる空間がなかったのだ。

そして、冒頭の古石場住宅は、東京市がこの横浜市営の集合住宅と同じ形式を、大々的に実現してできた団地であった。階数も2階から3階となり、棟数も1棟から4棟（関東大震災後に5棟に増設）に大幅バージョンアップしたのであった。さすがにこの団地は、新聞に載るくらいに周囲の耳目をひいた。当時の一般庶民は、密集した住宅地の中を通る細い路地にある井戸端で洗濯をし、路地と住宅の隙間に立てた物干しで洗濯を干していた。もちろん、一日のう

写真1：中村町共同住宅館竣工当時の写真(『大正12年　横浜市社会事業概要』横浜市1924年)。

写真2: 同潤会大塚女子アパートの屋上。

ちで洗濯物に直射日光が当たるのはわずかな時間だ。当時すでに、伝染病が汚れた水や空気に起因することは知られていたので、一日中陽の当たるところで、栓さえひねれば飲める水が出てくる状態で洗濯できることは、本当に細君（奥さん）が万歳を叫ぶに十分の設備であったのだ。それを提供してくれたのが、集合住宅の平らな屋上という空間なのであった。

絶滅寸前の屋上空間

この古石場住宅は大正12年に竣工し、同年9月に起きた関東大震災に見舞われるのだが、ほとんど被害を受けなかった。ところが、多くの木造住宅は火災で焼け落ちた。そこで、震災後は耐震性・耐火性をもつ集合住宅の建設が促進されたのであった。それを担う代表選手が、震災の義捐金を基に設立された、政府の外郭団体、財団法人同潤会であった。この団体がつくった一連の、同潤会アパートと呼ばれる集合住宅は、東京・横浜に16ケ所建設されたが、いずれも平たい屋上を、洗濯場・物干し場として利用していた。

中でも、昭和5年に竣工した同潤会大塚女子アパートは、日本で初めての一般向け単身女子専用のアパート（女子社員寮ではないという意味）であったが、その屋上は洗濯物干し場だけではなく、ペントハウスにピアノ室や娯楽室が設けられていた（写真2）。ここまでくると、屋上は単なる細君万歳の洗濯空間を通り越し、文化的香り漂う、屋上庭園としての機能を有するまでになっていたのだ。

こうした鉄筋アパートが建設されるのもせいぜい昭和13年頃までであり、戦争による資材不足のために、昭和23年まではこうした集合住宅は建設されなかったのである。鉄筋アパート空白の10年は、そのまま、日本における集合住宅の屋上の歴史の空白の10年であった。

戦後に初めて建設された鉄筋アパートは、東京都営高輪アパートであったが、これにも当然のごとく屋上に洗濯場が設けられた(写真3)。こうした公営住宅ばかりでなく、昭和20年代に建設された集合住宅の多くは、当然のように、屋上を洗濯空間として一般に開放していたのである。

ところが、昭和30年頃になって集合住宅の屋上空間は、いつの間にか利用できない空間になっていったのである。なぜだろう。

それは、建設費をケチったからである。いろんな文献を見てみると、屋上をつくらなくなった理由として、建設コストの削減が筆頭にあげられている。建築の構造計算をするときに、ある階に、どれだけの重さが外部から加わるかが前提となるのだが、建物が耐えるべき重さを積載荷重という。この積載荷重は、事務所や駐車場といった建物用途によって異なるのだが、同じ屋上でも人がそこに行くことを前提としているかどうかによって、構造計算に使われる積載荷重が異なってくる。当然、人が行かないほうが計算に入れなければならない荷重が減る。屋上の荷重が減ることは、各階の柱梁にかかる力がそれぞれ減るので、これほど有利なことはない。上にある荷重を減らすほうが、下にある荷重を減らすより有利なのだ。積載荷重が減れば、建物の構造は細くてすむ。細くてすむということは、鉄筋の量もコンクリートの量も減る。だからローコストなのだ。

しかも、人が出入りしないことを考えれば、屋上までの階段を作る建設費も削減できる。さらに、屋上に人が乗らないことを条件とすれば、屋上の仕上げのコンクリートは、薄くてもいいし、防水用のアスファルトルーフィングの上に、厚くモルタルを塗らなくてもよいので、さらにコストが下がる。なんとも世知辛い話ではないか。戦後の日本の精神性の貧しさを代表した話だともいえよう。

もちろん、屋上から洗濯・物干し機能を撤収するのと抱き合わせで、集合住宅の各住戸に洗濯ができるスペースが確保され、ベランダがどの住戸にも確保されるようになり、昭和30年代に入れば、電気洗濯機も普及するようになって、屋上の非利用は加速度的に進むことになった。もちろん例外はある。独身寮のように洗濯スペースを各戸に設けることが著しく不経済な場合は、相変わらず屋上を洗濯・物干し空間として利用していた。また、昭和40年代から大量に建設され始めた十数階建ての大規模集合住宅にも、屋上に人が出入りできるようになっていた。これは、そうした集合住宅の多くが一般の低中層集合住宅とは異なり、住棟の向きを南北に取るためにベランダが東向きか西向きに限定されるからであった。

しかし、またここで、屋上空間にとっての悲劇が起きる。昭和40年代に流行し始めた高層アパートの屋上から飛び降りる人が話題になったのだ。自殺の名所となった団地もある。こうして、細々と命脈を保っていた集合住宅の屋上空間が、今度は安全上の理由ということで、絶滅危惧種となっていったのである。

それでも屋上を耕す人々

しかし、ここ20数年のマンション景気の期間中に建設された、民間の新規集合住宅では、再び積極的に屋上空間を利用する機運が高まっているといってよい。これも経済的な理由であって、屋上に人が出入りすることのデメリットが吹っ飛んでしまうくらい、土地の値段が高いというのが主たる原因である。屋上に付加価値をつけて、市場競争力をつけようという知恵も働き、屋上が新たな価値を生む空間として再発見されたのだ。安全面では、最近のマンションにオートロックが多いことも寄与しているだろう。理由はともかく、私はこのことを、大変よいことだと思っている。

おおむね四半世紀ぶりに、集合住宅の屋上という、面白く使いさえすればいかようにも面白く使える空間が、われわれの手の元に戻ってきたのだ。近年の集合住宅の屋上は、個人向けの住戸の屋上バルコニーとして、あるいは、住民共用の集会所やゲストルームなどとして使われつつある。今後どのような面白い使い方が出現していくのか、楽しみでもある。

せっかくわれわれの手元に戻りつつある集合住宅の屋上空間。それを今後どのような方向性で開拓していくのか。そのためのヒントになるような使い方を、ここではいくつか紹介しよう。

そのネタは、屋上がまだ当たり前のようにつくられていた時代の集合住宅の屋上にあった。先ほど触れた、関東大震災後に建設された同潤会アパートのほとんどは、最初賃貸住宅であったものが、同潤会が解散し、それを引き継いだ住宅営団も解散したため、最終的には居住者に払い下げられた。いわば、日本初の分譲マンションであった。同潤会代官山アパートの、あるお宅では、もともとは使えなかった屋上に、子供部屋をつくっていた(写真4)。

同潤会柳島アパートのあるお宅では、最上階である3階に、夫婦と夫の母が住んでいた。ここでも古今東西万国共通の家庭問題、すなわち嫁姑問題が課題であったが、屋上に夫が母のために6畳の「離れ(アネックス)」を造ってあげた。姑は嫁との関係が悪くなったときに、ここに息抜きに来る(写真5)。

同潤会清砂通りアパートのある住棟では、24軒全部で共同増築し、増築部分の屋上にそれぞれの住戸の「倉庫」をこしらえ、狭い住戸空間を補っていた(写真6)。いずれの例も現在的な視点からすれば「違法」増築かもしれないが、とびきり上手な屋上利用法だともいえよう。ま、

写真3: 東京都営高輪アパート(『住宅年報1954』東京都1954年)。

写真4: 屋上を子供部屋にした例(同潤会代官山アパート)。

写真5: 屋上におばあちゃんの離れを設けた例（同潤会柳島アパート）。

写真6: 屋上の増築部分に共同物置を設けた例（同潤会清砂通りアパート）。

そもそも違法な点も、これらのアパートがすでに取り壊されているので、時効である。

最後に、戦後のものをとり上げよう。広島県営基町高層住宅の屋上である。1970年代に広島市中心部の広島城跡の隣に建設された、日本でも有数の高層住宅（最高20階）である。この屋上には、自由に出入りできる屋上庭園がはじめから計画されていた。しかし、ご多分に漏れず安全のために管理者によって閉鎖されていた。それを、いつしか最上階に近いところに住む人々が、施錠された鍵を共有して、特定住民のための憩いの菜園として耕していたのを、十数年前に見学したことがある（写真7）。一度は見捨てられた屋上庭園、それが住民の手で再び耕し始められていたのである。

洗濯の場、井戸端会議の場、居住の場、離れ（アネックス）、逃避の場、物品保管の場、食糧生産の場……。数少ない事例からも、屋上空間の可能性はもっともっと耕していけるのだと思うと、楽しみである。当然、戸建て住宅のような、お風呂のある屋上庭園というのもいいだろう。

（注）『東京建築回顧録』読売新聞社、1991年

写真7: 広島県営基町高層住宅の屋上庭園。

II

住まいとまちの計画学

ディズニーのまちにみる多様性

アメリカのフロリダ半島のまん中あたりに、オーランドという都市がある。ここは、ディズニーワールドがあることで有名なので、日本でも、その方面が好きな方にはお馴染みの都市だ。オーランドには、ディズニーワールドだけでなく、ユニバーサルワールドなどもあったりして、ほぼ完全なリゾート都市である。アメリカ国内のみならず、世界各国からここを目指して観光客がわんさかやってくる。

先だって、ここに訪れてみた。研究目的なので、もちろんディズニーワールドは門を拝んだだけだ。目的地は、ディズニーが開発した住宅地、セレブレーションである。より正確に言えば、ディズニーの関連会社である、セレブレーション・カンパニーが開発した高級住宅地であり、ディズニーワールドから車で10分程度のところにある。

ディズニーが開発したといっても、キチンと人が住むことができるような住宅地であり、計画戸数は約5、000となっている。5、000戸も住宅があれば、小さめの近隣住区（小学校区を基礎とした住宅地計画の単位）が成り立つ規模である。したがって、ここには学校・病院のような住宅地に必要な諸施設はもちろんのこと、中心街にはレトロなアール・デコ調デザインの商店街、ホテル、映画館などがある。また、ゴルフ場、テニスコート、その他各種レクリエーション施設も充実している。商店街やゴルフ場などのレクリエーション施設は、一般にも開放されていて、ディズニーワールドに行ったついでに遊びに来る人が絶えない。また、住宅地内のいくつかの施設は、世界的に著名な建築家に設計が依頼されており、建築好きの人も惹きつけるようになっている。

まちなかに入ると、一種のテーマパークのような感じで、古き良きアメリカのまちなみを再現しようとする姿勢が感じられる。こうしたちょっと歴史指向のまちづくりのコンセプトは、TND（Traditional Neighborhood Development 伝統的近隣住区開発）と呼ばれており、アメリカで30年くらい前から流行っている、ニューアーバニズムというまちづくりのムーブメントの、一つの重要な概念になっている。

このTNDのコンセプトにのっている訳ではないのだが、確かに、東京ディズニーランド、ディズニーシー、そして、本場のディズニーワールドのデザインコンセプトも、古き良きアメリカのデザインであるので、この住宅地でも、それが踏襲されているという訳だ。だから、セレブレーションのまちなみにいると、どことなくディズニーランドの延長にいる感じがする。「私、ディズニーの町に住んでいるのよ」と人に自慢できる特権もあり、確かに、まちなみもシックで美しい。緑はふんだんにあるので、多くの人が住みたくなるようなアメリカ屈指の有名住宅地の一つであり、もちろん、値段も高い。

さて、私は別に、こうした高級住宅地を日本にも増やしましょうと言うつもりはあまりない。ここでセレブレーションを紹介したいのは、このまちの多様性の確保について説明したいためである。

セレブレーションは、戸建住宅のみによって成り立っているわけではない。戸建ももちろんあるが、まちの中心部の商店街の上部が賃貸アパートになっていたり、ちょっと外れのところには、日本でいうところの分譲マンションが建っていたりする。住宅地を、単一の建築物で構成することなく、建築種別に多様性をもたせながら形成しているのである。こうすることによって、多様な居住形態が住宅地内に存在し、それによって、多様な属性をもった人々が暮らす、本当に「町らしい町」が生まれることが期待されているのである。逆に、こうした配慮がなければ、日本のニュータウンのように、一挙に高齢化が進んでしまう危険性をはらんでしまうことだろう。

基本的にはアメリカ風戸建住宅だが、建物は伝統的なデザインを意識している。

商店街もなんとなくディズニーランド風の伝統景観。

分譲マンションの別棟として建つガレージ・アパートメント。

また一方で、アメリカには一定規模以上の住宅地を開発する際に、アフォーダブル住宅を一定割合で供給しなければならないという条件が付く場合がある。アフォーダブル住宅とは、直訳すれば「入手可能な住宅」のことである。つまり、低家賃の住宅供給。アメリカは、日本やヨーロッパのように、住宅供給政策において公的セクションのサポートが強くない。よい住宅に住むかどうかは、本人の才覚次第であるとされている。しかしながら、こうしたアメリカでも、社会格差の是正のために、大規模住宅地開発に条件を付けて、一定割合で低所得者層のハウジングも民間に行わせている訳である。

さて、一般的には、高級住宅地にアフォーダブル住宅をそのまま混ぜて供給することは行われない。せっかくブランド化しようとするところに、そんなものをつくってしまったら元も子もないからである。だからこんな場合、当該住宅地のはじっこや、別の敷地にアフォーダブル住宅が、いわばアリバイ工作的に作られることも多い。

しかし、ここセレブレーションでは、写真にみるような形でアフォーダブル住宅の一種が供給されている。つまり、1階がガレージで、2階が貸室。しかも、そのセットが長屋のように横につながっている。1階のガレージは道の反対側の中庭側から個別に出入りするようになっている。一方で、2階の貸室には道につながる階段を上って片廊下があり、そこから各戸へ出入りするようになっている。

こうしたいわばガレージ・アパートメントは、実は、同じ敷地内の別棟の分譲マンションとセットなのである。すなわち、一戸の分譲マンションを買うと、離れのガレージと、離れの貸室が付いてくるという訳である。車をもっていればガレージを自分で使っていいし、車がなければ人に貸してもいい。離れの貸室を自分で使いたければ使っていいし、人に貸して小遣いかせぎをしてもよい。当然、下のガレージとセットで人に貸せば、より高く貸せるだろう。

どうせ作らなければならないアフォーダブル住宅。そのための狭小住宅を別個に作るのではなく、まち全体をいきいきとさせるため、つまり、多様な属性をもった人々が住む町にするために使う。そして、狭小住宅は自分で使うこともできるし、人に貸してローンの足しにすることもできる。こうした、住宅ミックスの計画が、日本にも必要とされているような気がしている。

アクセサリー・アパートメント

以前、アメリカに行った時に、書店で『Redesigning the American Dream』という本を買ったことがある。1980年代半ばに書かれた本だが、アメリカではロングセラーとなっているらしく、巷の、ちょっと大きめの本屋さんに普通に並んでいたりする。著者は、Dolores Hayden（ドロアース・ハイデン（ドロレスとも））という、イェール大学の先生。アメリカの郊外住宅地について、たくさんの本を書いている人だ。

ヨーロッパ諸国に比べると、公共住宅に関する住宅政策が手薄いアメリカにおいて、どのように民間主導で、「アメリカン・ドリーム」の構築と住宅供給がセットになってなされて来たのか。そして、本書が書かれた1980年代に、アメリカン・ドリームの実現の地であった郊外住宅地（サバービア（suburbia））が、どのような課題を抱え、どのような未来が模索されようとしたのか。こういうことについて述べてあったので、時間はかかったが、辞書を引きひき、読破した覚えがある。

が、そののち『アメリカン・ドリームの再構築―住宅、仕事、家庭生活の未来』（野口美智子ほか訳）という翻訳書が既に、1991年に勁草書房から出版されていたことを知り、少なからずショックを受けた。私が原書を買った時より10年程前に、既に翻訳本が出ていたのだ。ま、今から思えば、英語の勉強ができて良かったということか。

さて、サバービアというものは、1950年代から、都心部の喧騒から脱出する白人たちによって形成された郊外住宅地のことを指すが、これらの住宅地も1980年代に転換点を迎えることになる。それは、文化的、景観的に単一で、基本的にある特定の社会階層や属性を持った人々しか受け入れないような、そんな町に、町としての持続性があるのかという問題であった。当時サバービアでは、家族の解体、コミュニティの解体が問題となっていた。つまり、精神的に荒れていたのである。

こんなことから、ハイデン先生は、アメリカン・ドリームの「再構築」を唱えたのだ。彼女の本の中に、当時いろいろとなされていた、郊外住宅地における、建築的な提案が紹介されていた。

アメリカ式の郊外住宅の屋敷構えは、基本的には、オープンである。つまり、日本のように住宅を塀でとり囲み、なるべく外から家が見えないようにするということはない。住宅地の表通りから、住宅の表情がちゃんと見えるようになっていて、お隣さんや裏のお宅との境は、基本的に、低い生垣や簡単な木柵でのみ仕切られている。こうした屋敷構えを、オープン外構とも呼び、近年の日本の住宅地では盛んに採り入れられるようになった。この方が、従来の塀で囲まれた日本の屋敷構えよりも、防犯上都合が良いという説もある。

もっとも、日本でオープン外構が現在流行りつつある主要な原因は、外構をつくるコストをケチっている結果とも言えるところが、やや情けないのだが……。いずれにせよ、「粋な黒塀、見越しの松」といった、住宅を隠すための装置が、良い屋敷構えの定番と考えられてきた日本の戸建住宅地の景観に、今、少しずつ根本的な変化が加えられようとしているのは、確かなようである。

さて、1980年代当時のアメリカの郊外住宅地には、基本的に、多様性が無いことが問題の一つであることが指摘されていた。そこで、ハイデン先生がその本で紹介する案では、ある郊外戸建住宅地の街区（道路に取り囲まれて、島状になったブロック）の真ん中あたりにある塀や生垣を取り去り、各々の住宅から街区の真ん中の部分の土地を拠出して、公園をつくる案が紹介されていた。

そしてその公園と、それぞれの住宅をつなぐような形で、「アクセサリー・アパートメント」なるものを建て、そのアパート内に、若者を住まわせたり、ちょっとした店をつくったりするという提案であった。すなわち、整然とした戸建住宅地の街区のど真ん中に、ちょっとした公園をつくって、その周りに、多様な用途や多様な居住者を呼び込もうとする案である。

確かに、建築的には大変魅力的な案ではあるが、これを実現するとなると、1つ1つの住宅の敷地規模が、例えば100坪くらいないと成立しない。実際に、ハイデン先生の本の中では、あくまでも「案」として紹介されており、それが実現したという話にはなっていない。それでも、景観的、機能的、社会的に、あくまでも単調な計画住宅地を何とかするための、いわゆる思考実験としては、充分に魅力的ではあるので、私の授業の中の、住宅地計画の講義で、このアイデアを時折紹介するようにしている。

ところが、前回紹介した、ディズニーが開発した高級住宅地、セレブレーションの中で、この「アクセサリー・アパートメント」と呼んでいいような物件に、期せずして巡り合ったのである。2009年のことであった。

この写真にある住宅の敷地は、確かに100坪程はあるような大邸宅である。この家の建つ街区の構成自体は、ハイデン先生の紹介する計画案のように、真ん中に公園がある訳ではない。住宅が街路に沿って建ち並ぶ、普通の住宅地の構成である。この写真では、左奥に建つ2階建ての切妻の建物が母屋であり、母屋の反対側が正面玄関だ。すなわち、この写真は母屋の裏側を撮っていることになるが、この裏側に黄色い2階建てのガレージが建っているのである。しかも、車3台程は入るであろうガレージである。さすがは、セレブレーション。

ここで注目したいのは、このガレージの作り方である。薄い黄色に塗られた下見板張りのガ

セレブレーションの中に建つ「アクセサリー・アパートメント」。

3階建ての店舗併用アパート中庭側。

店舗併用アパート内部、メゾネットになっている。

レージの2階には、窓枠が白く塗られた小さな上げ下げ窓があり、部屋があることがわかる。しかも、母屋とは、渡り廊下のような部屋のような、小さな建物で連結されている。通りすがりに見ただけなので、実際にどんな構造になっているかは、想像するしかないのだが、きっと、この母屋の「離れ」的な空間として、このガレージの2階の部屋が考えられているのだろう。

たまたま、このお宅は角地になっているので、母屋の前面道路と直交する脇の道路から、このガレージにアクセスする。だから、このガレージの2階を人に貸して、多様な居住者を地域コミュニティに参加させることが可能だし、ちょっとしたお店なんかを営むこともできるだろう。まさに、アクセサリー・アパートメントのひとつの形が、ここに示されているのだ。なんてことを思いながら、写真を撮らせてもらった。

実は、お金持ちだけの町だと思われがちなディズニーのつくった町、セレブレーションには、庶民用の住宅も用意されている。とはいえ、やはり高いのは高いのだが、いわゆるセレブでなくても住めそうな住宅がある。そのひとつは、セレブレーションの中心部に建っている商業施設の上層部にあるアパートである。古き良き時代のアメリカの商店街を模したお店を容れた建物の上層部に、小さめのアパートが収納されている。表通りからではなく、駐車場に面する中庭側から見ると、その構成がよくわかる。このアパートも、単純な構成ではなく、メゾネット（住戸内の階段で上下階がつながった形式）だったりして、変化に富んでいる。

このように、建物の空間自体に変化を持たせることが、豊かな街の景観を作り出すことにもつながり、なおかつ、１９８０年代に批判された単調な社会空間、すなわち、特定の階層しか住まない町、から抜け出すための手段にもなっているのである。

ジョージタウンとバック・アレイ

アメリカのワシントンＤＣに、ジョージタウンという古い町がある。歴史に飢えている国、アメリカでは、「歴史のある町」というのは、日本人が思っているよりもずっと大事にされているようだ。

このジョージタウン自体は、1700年頃に開発されたそうだが、日本でいえば元禄時代あたりである。この町は、その後幾多の変遷を経て、現在では様々なスタイルの住宅が並び建つお洒落な町として、人々に愛されている。表通りは昔の町並みが保存され、裏の通りは閑静な住宅地となっている。かのJ・F・ケネディもかつてはここに住んでいたそうで、今でもセレブ達が多く住む町である。しかし、全体として、どことなく下町的な、懐かしい感じの町だ。

この町は、1980年代後半以降、アメリカの住宅地計画を席巻しているデザインの主義、「ニュー・アーバニズム」の住宅地デザインのモデルともなった町の一つである。すなわち、歩いて生活できる町の、理想のイメージの一つがここにあるという訳である。

確かに、ジョージタウンは歩いて楽しい町であるし、歩いてみないとその楽しみは味わえない。例えば、街路樹の足元には、きっと地元の人が手入れをしているであろうと思われる花々がきれいに咲いている。大邸宅でも、長屋建ての建物でも、前面道路に接近しているので、家の正面の壁（ファサード）と街路の間にある、ちょっとした空間が実に良くしつらえられている。また、街路沿いには様々な時代に建てられた様々なスタイル（様式）の建物が並び、それぞれ良く手入れされている。

このような町でも20世紀に入って問題になったのが、自動車の置き場所であった。現在では、

ジョージタウンの表通り、まち並み保存が取り組まれている。

ジョージタウンの住宅地、多様な長屋建ての住宅が並ぶ。

ジョージタウンの街路樹の足元にはきっと地元の人が手入れをしている花が。

ジョージタウンにあったバック・アレイに面したガレージ。

欧米の町の多くでは、住宅前の道路に車を路上駐車するのが当たり前となっているが、ここも例外ではない。ただし、ちょっと気の利いた邸宅では、家の脇に細い路地を用意し、裏庭の方に続くバック・アレイ（裏路地）を用意することがある。このバック・アレイのどん突きの、家の裏の方にガレージを配置するのである。このことによって、ジョージタウンのもつ、街路と住宅との間の親密な関係が保持されているのだ。

　1950年代のアメリカの戸建住宅の代表選手であるレヴィットタウンでは、こうした自動車駐車場問題に対して、住宅の脇にビルトイン式のどでかいガレージを配置することを全面的に打ち出した。そして、これがアメリカの郊外住宅の定番ともなっていった。このビルトイン式ガレージは、こうしたサバービア（郊外）に住むためには、車くらい買える資力が必要だということをシンボリックに表現していた。そして、ガレージに日曜大工の道具を並べ立て、本当に増改築をやってのけるのが、アメリカン・ドリーム時代のお父さんに期待されたことでもあった。

　しかしながら、ガレージを住宅の前面にドカンと据えてしまうことが、実は町並みという面では、デザインとしてちょっとハシタナイことかもしれないなどと思い始めるに至ったのが、1980年代以降のニューアーバニズムの考え方であった。第二次大戦後のアメリカを象徴するような、20世紀的な住宅地のデザインではなく、そのひとつ前の時代までの、アメリカのど

レヴィットタウンのビルトイン式ガレージ。

こにでもあった普通の町。車優先ではなく、歩くことが優先される町。そんな町が目指されたのである。

このような考え方の住宅地では、当然、駐車場のデザイン上の取り扱いについては、再考されなければならない。そこでふたたび注目されたのが、かのバック・アレイだったのである。

ワシントンDCの郊外、1980年代の終わりに、ニュー・アーバニズムの代表的な設計事務所であるDPZ（「アンドレス・デュアニーとエリザベス・プラターー・ザイバーク夫妻」の略）が設計した、ケントランドという住宅地が開発された。そのお手本の一つとされたのが、ジョージタウンであった。

基本的には、大邸宅が立ち並ぶ閑静な住宅

ケントランドの長屋風住宅がある一角。

ケントランドのバック・アレイ沿いのガレージ。

街であるが、中にはジョージタウンのような多様なファサードを持った長屋式の住宅が並んでいる個所もある。そして見逃してはならないのが、バック・アレイの復活である。主要街路から枝分かれし、いわゆる車専用の裏路地としてバック・アレイが設定され、そこにガレージが建ち並ぶ。またここは、戸別収集が行われるゴミ置き場でもある。

このような、機能面を重視した裏動線を集約したバック・アレイを設けることにより、ケントランドでは建物の壁面と街路との良好な関係を維持しようとしているのである。また、ここで留意しておかなければならないことは、ケントランドのすべてがこの形式で設計されている訳ではないということである。

近代的な考え方では、ある住宅地計画のロジックが良いものだとされれば、その原則は、基本的には住宅地の隅々にまで適用されなければならないものと、ある意味、盲目的に信じられることが多い。このような一律のロジックの適用が、つまらない街並みを生んできたことは確かである。ケントランドの設計には、気張った一律的な原理原則の適用がなされている訳ではなく、住宅地の微地形に応じた、きめの細かい幾つものデザイン・ロジックが用いられている。バック・アレイは、そのうちの技法の一つに過ぎない、ということである。

過ぎたるはなお及ばざるがごとし。

ニューアーバニズムの聖地：シーサイド

フロリダ半島の先っぽにマイアミという有名なリゾート地を有するフロリダ州の範囲は、このフロリダ半島ばかりでなく、メキシコ湾に沿って西に細長く延びている海岸部分も相当に含んでいる。北側にあるジョージア州（東側）とアラバマ州（西側）が海に出るのを、フロリダ州が東西にさえぎるような形になっている。

フロリダ州はフロリダ半島とこの西の部分を合わせると、「へ」の字、もしくは、ブーメランのような格好をしていることに気づく。地図で、この西に伸びた部分を見ると、パナマシティ・ビーチ、フォートウォルトン・ビーチなどなど数々のビーチ街、つまり海水浴場を発見できる。地理的に解釈すると、ジョージア州やアラバマ州といった内陸の人々が「ヴァカンス」にやってくる場所だとわかる。

J・S・スモーリアンという人物が、これらのビーチが続く海岸端の、まだ誰の手も入っていない80エーカー（約32ha）の土地を購入したのは、第二次大戦終了翌年の1946年であった。スモーリアンは、ジョージア州のバーミングハム市でデパートを経営していた。前述したように多くのジョージア州の人々は、夏になると海水浴に、冬になると避寒にこの海岸を訪れる。

スモーリアンは最初、この土地に自ら経営するデパートの従業員のためのサマーキャンプを建設するつもりであった。その名は「ドリームハイツ」。彼がいかに従業員思いの経営者だったのかがわかる。しかし結局、この計画は実現しなかった。スモーリアンはその後、地元の大学と図ってカンファレンスセンターを建てることも試みたが結局実現せず、土地はそのままほとんど手つかずのまま残ることとなった。

この「ドリームハイツ」の地に新たな「ドリーム」を実現させたのは、スモーリアンの孫のロバート・デイビスであった。海岸端の、砂と風に洗われた灌木しかなかったこの土地の取得から30年以上経過した1978年、孫のデイビスが祖父の遺産を相続し、この地に再び建設の夢を見ることになったのだ。

歴史学や経営学を学んだデイビスは、1970年代の末にはすでに不動産コーディネーターとしての実績をいくつか積んでいた。しかも、彼の不動産開発の流儀というのは、地域の伝統を踏襲したデザインを得意とするものであった。アメリカ南部、フロリダの歴史は他国と比べると真新しいのだが、例えば、マイアミビーチ沿いに展開するアール・デコ風のホテル街は既に、新しいフロリダの歴史地区として認識されている。デイビスも、自社の開発にアール・デコなどの要素をふんだんに盛り込んでいた。

デイビスはこうした経験を踏まえ、祖父から引き継いだ海岸端の地を自分なりに開発しようと、いろいろと学習を始めた。まず行き着いたのは、過度の商業主義に走る近代建築批判を展開するイギリスのチャールズ皇太子の理論的支援者であった建築家、レオン・クリエであった。

さっそく彼に手紙を送ってみたところ、クリエからは、伝統的な町のあり方を残すべきとの教え。そして、80エーカー（約32ha）というのは、歩いて暮らせる町、つまり4分の1マイル（約400m）の範囲で仕事や買い物やレクリエーションに行けるような町をつくるのにちょうど良い大きさであることなどの示唆を得た。

こうした学習の結果、デイビスは、祖父が夢見たサマーキャンプやカンファレンスセンターではなく、一つの「町」を創ることに決心した。これがシーサイドの始まりである。地域の伝統的な町を意識しつつ、住宅だけではなくそこで歩いて成り立つ「暮らし」が営める程度の町。別な言葉でいえば、「伝統や地域性」と「町としての混在性」と「交通の在り方」という課題設定が、そこには仕組まれていたのであった。

デイビスの頭の中には、子供のころ祖父に連れられて経験した、この地域の木造コテージの心地良さがあった。急勾配で軒の深い屋根、開放的なポーチ、広い窓、風が通り抜ける部屋、風が通り抜ける高床。こうした、高温多湿の気候をうまく快適性に変換できる建築のエレメントはすでに、デイビスの体験の中にあったのだ。デイビスに必要だったのは、これから作るべき町の住宅群のエレメント（要素）を統合的に、まちづくりの理論まで仕立ててくれる専門家であった。

シーサイドテラスの近くのコテージ群：これよりもちょっとひなびた感じの家々がデイビスの頭の中の原風景としてあったのだろう。

道路沿いの家々：デザイン基準を守りながら建築家たちが様々な創意工夫を凝らしている。

そして巡り合ったのが、1977年にマイアミに設立されていたArquitectonicaという建築設計事務所のメンバーであった、アンドレス・デュアニーとエリザベス・プラター・ザイバーグ夫妻だった。この二人（以下、DPZと略す）が後に、1991年から始まるアメリカのニューアーバニズムのけん引役の一角になるのだが、シーサイドに課せられた「伝統や地域性」、「混在性」、「交通の在り方」という課題設定はそのまま、ニューアーバニズムの課題設定でもあった。こうした意味で、シーサイドはニューアーバニズムの原点の一つだと言える。

シーサイドの開発では、独自のデザイン基準（The Seaside Code）がDPZを中心に練り上げられた。そこには、白い木柵、ポーチ、塔、屋根、窓、素材、路地、庭といった、建築ばかりでなく建築が町とどのようにして一体感を形成すべきかということに意を払った、エレメントの指定がなされている。

また、シーサイドに建つ建築群を大きく8つのタイプに分類し、それぞれの用途、庭、ポーチ、付属屋、駐車場、建物高さなどがきめ細かく指定されている。こうした、部分の指定が統合的に融合していくように、道路や宅地、公共施設や浜辺との関係がきめ細かく、マスタープランとして形成されたのである。

シーサイドは1980年代初頭から少しずつ分譲されていったが、私が初めてここを訪れた2009年には分譲はほぼ終了しつつあった。30年近くの長期にわたって町が、一つのマスタープランにしたがって忠実に建設され続けたのだ。この間、シーサイドは幾多の建築・都市計画関連の賞を獲得し、ニューアーバニズムの聖地ともいうべき地位を築いていった。

私は、ここを訪れた時、一種のデジャビュに見舞われた。どこかでこんな風景を実体験した覚えがあったのだ。それは、今から30年ほど前、私が高校生であった時に、夏休みを使って神奈川県藤沢市の辻堂という国鉄の駅の近くにあった叔父の家に遊びに行った時の風景であった。

その家は、湘南海岸の辻堂海水浴場に自転車で行けるところで、会社の社宅だった。たぶん戦前に建てられた平屋で、外壁は下見板張りであった。家をとりまく低い板塀の中に少しばかりの庭があり、そこには結構大きな松の木が生えていた。田んぼのある田舎で育った私には、家の庭が砂地だというのがカルチャーショックであった。でも、家の前の路地も舗装はされているものの結構砂だらけだし、他の家々も似たようなものだった。つまり、町全体がなんだか海水浴場の延長のような感じであったのだ。

実際、自転車を借りて浜辺にすぐに遊びに行けたので、まち全体が海水浴場のようなものである。今となっては、このあたりも、みんなが憧れる湘南の高級住宅街になりつつあるが、当時はまだ、高い松の木が点在し、戦前からの別荘地の名残のある風情の豊かな場所だった。

今から思えば、シーサイドがちょうど建設され始めるころに、私は辻堂の叔父さんの家に遊びに行っていたことになるのだが、築30年後のシーサイドは、いい具合に年齢を重ねていた。

シーサイドの海沿いの家々。

海岸に並行して走る道路沿いの風景。

シーサイドの中心は半円形状の広場となり、その周りに各種店舗が建ち並ぶ。来街者はここで車を駐め、町をそぞろ歩く。正面に見える建物はスティーブン・ホール設計のドリームランド・ハイツ。店舗、事務所、アパート、宿泊施設を内包する。この建築単体でも数々の受賞をしている。

白い木柵に挟まれた白い砂地の路地。

白い木柵の間の白い砂の路地の間を歩いていると、本当に、30年前の辻堂界隈にタイムスリップしたかのようであった。私のような異邦人にとっても、なんだか懐かしいような気分にさせることのできる町というのは、やはり良い町なのだろう。

シーサイドの路地の中に入ると、白い砂の路地の両脇にかわいらしい白い木柵が立っていて、木立の茂みの間からほのかに各家庭の気配が感じられる。部屋の中のプライバシーは完全に守られているのだが、各家庭から何となく抜け出てくるプライバシーのかけらがいつの間にか、ポーチや木立の庭に染み出し、砂の路地を完全なパブリック空間ではなく、いわばセミプライベートやセミパブリックな空間に変質させているのである。

プライバシーからパブリックに至るこのきめの細かいつながりは、先に述べたきめの細かいデザインコードがもたらしているのであろう。こうした伝統的な町のもっている質を空間化するデザインコードが、砂の路地が文字通りの「庭先」であることを感じながら海に向かっていく感覚、つまり、私が辻堂の狭い道を通って海に向かう時に感じた感覚を呼び覚ましたのだ。

【参考文献】Steven Brooke, “SEASIDE”, Pelican Publish Company, 1995

歩車分離の聖地：ラドバーン

もしも、20世紀中に建設された有名な近代計画住宅地の番付表をつくるとするなら、イギリスのレッチワースを東の横綱とした場合、西の横綱はさしずめ、このアメリカのラドバーンということになるだろう。

イギリスのレッチワースとは、20世紀初頭にロンドン郊外に建設された、世界で初めての田園都市（ガーデン・シティ）である。ここでいう田園都市とは、単に一般名詞的な「田園風の町」を意味しているわけではなく、「田園都市」という固有の出自と歴史をもった都市の形態なのである。エベネザー・ハワードが１９０２年に発行した『田園都市』という啓蒙書に描いた、都会の良さと田舎の良さを兼ね備えた、もっと端的に言うなら、緑豊かでありながら都市的労働の機会に恵まれた新種の都市のことである。産業革命以来、スラムとそこで生じる伝染病などの諸問題から、人類がどう逃れることができるのかということをテーマに編み出された、新しい形態の都市の名称が田園都市なのであった。

イギリスでは早速、田園都市協会というものが結成され、そこが中心となって資金を調達し、レッチワースが実現した。既存の都市とは離れた、田園地帯のただ中に、住宅だけではなく商業や工業といった働く場や公共施設をも完備した都市を目指して、レッチワースで田園都市建設が始まったのは、１９０３年のことであった。

これがのちに世界中に広まり、世界各地で田園都市運動を巻き起こした。もちろん日本にも明治末期から大正時代にかけて田園都市をつくるべしという活動が展開された。こうした流れの延長上に、例えば、大正末期に建設された田園調布などの住宅地が位置付けられるのである。

こうした田園都市運動は、当然、アメリカにも伝播した。特に、ヨーロッパからの移民でどんどん人口が増えていったニューヨーク市周辺では、マンハッタン島からイーストリバーを越えてロングアイランドの方に、郊外住宅地の建設が野放図に始まっていた。こうしたなかで、イギリスの田園都市に倣って、より良い形の郊外住宅地を建設すべく、いくつかの団体が結成された。こうした団体の一つに、The Regional Planning Association of America（アメリカ地域計画協会）がある。

これは、建築家のクラレンス・スタインが中心となり、同じく建築家のヘンリー・ライトや、のちにアメリカの建築史の大ボスになるルイス・マンフォードも参加していた。この団体の活動は主として学習的・啓蒙的な活動にとどまっていたが、この間この団体にはイギリスの都市計画の父とも呼ばれるパトリック・ゲテスや、The Neighborhood Unit（近隣住区論）で有名なクラレンス・ペリーも顔を出すような、とても刺激的な会であった。

そしてその会結成の翌年、1924年、クラレンス・スタインは本物の田園都市をアメリカで実現させようと、不動産実業家として成功を収めていたアレグザンダー・ビンズを口説いて、The City Housing Corporation（都市住宅会社）を設立させたのである。至って率直なネーミングであるが、これは民間資本による配当制限会社であった。

ここが開発主体となって、最初にクラレンス・スタインとヘンリー・ライトを中心に計画され、建設されたのが、クウィーンズにあるSunnyside Gardens（サニーサイド・ガーデンズ）であった。1924年から1928年にかけて建設された、街区型の集合住宅である。

道によって四周を取り囲まれた島状の土地を「街区」と呼ぶが、欧米ではこの街区の周辺に建物を並べ、街区の真ん中を中庭として空けておくことが多い。このように、建物を道に面させて、裏庭（中庭）を確保していくような建て方をしたものを「街区型」と称するのだが、サニーサイド・ガーデンズは、アメリカの都市によく見られる、格子状の道路計画によってできた短冊状の細長い街区に建てられた、街区型の集合住宅であった。

この集合住宅が、当時都心のマンハッタン島に建てられていたアパートメントと違うところは、街区の中に、外部からも利用可能な緑豊かな「ガーデン」を配し、一見都会風な中に、緑と憩いの場を提供することを、ことさらに目指した点である。こうした意味では田園都市的であるには違いない。

この集合住宅群は、今でもよく残っていて、低層に抑えられた住宅をとりまく街路樹や中庭の木は今や建物を大きく包み込んでいて、まさにガーデンの中の住宅となっている。しかし、

サニーサイド・ガーデンズの2階建て長屋の風景。

サニーサイド・ガーデンズの中層アパートの中庭。

これが本物の田園都市と言えるかどうかという点においては、留保が必要である。基本的には住宅だけからなる町になっているので、商業・工業・公共施設といった非住居用途が入っていないからである。

ただ、住棟計画として、建物の配置や建物の高さをうまい具合にレイアウトし、住戸まわりの緑の空間を豊かにすることによって、安全で快適な住宅地環境が創造できることを、実地で示したという点において、サニーサイド・ガーデンズの意義は大きかったと言えよう。

さて、サニーサイド・ガーデンズが比較的好評であったことから、その最後の建設年度の1928年から、次のプロジェクトが開始された。それが、ラドバーンだったのである。

ラドバーンは、マンハッタン島から見ると、サニーサイド・ガーデンズとは反対の、ハドソン川を越えたニュージャージー州のフェアローン市という、都市化を抑制した地域に建つ住宅地である。1928年から1933年まで建設が続いたが、残念なことに1929年の大恐慌に見舞われ、会社は倒産し、初期の計画は大幅に変更された。

ところが、最初期に建った部分だけは、かろうじてスタインが実現したかった住宅地計画のエッセンスを、現在の私たちに示しているのである。そのエッセンスが、歩車分離なのである。

まずは実地に見てみよう。

ラドバーンを訪れると、とても大きな街区の周囲に幅広の車道が通っていることがわかる。

ラドバーンのスーパーブロックの外周道路。

外周道路からスーパーブロック内部へ通じる行き止まりの道(クルドサック)。

この道路に広く囲まれた大きな街区を、スーパーブロックというのである。スーパーブロックとは、当時アメリカで深刻になり始めていた自動車事故から、日常生活を守るための知恵であり、このブロックの中には、ブロック内に用のない「通過交通」を生じさせないための工夫が施されているのである。スーパーブロックの外側を走る外周道路で通過交通を処理し、ブロックの中に入れないという方式である。

この外周道路から、スーパーブロックの内部に通じる道がある。この道は実は、ほとんどが行き止まりとなっている。この行き止まり路地は、クルドサックと呼ばれる。この住宅地に車で来る人は、このクルドサックまでしか行けないようになっている。住民は家にビルトインされたり、家に隣接して建てられたりするガレージに車を駐めて、家の中に入るわけである。こうして、このスーパーブロックの中には必要最小限の車の進入しか許してないのである。

車で外から帰ってきた居住者は、このクルドサックを通って自宅のガレージに車を入れた後、玄関に向かうわけだが、実は多くの住宅の前には、クルドサックからの道とは反対方向に、住宅の裏側に抜ける歩行者専用の小路を持っている。つまり、この住宅はクルドサック側の面と、裏庭に接する面を持っていて、小路でそれをつないでいるのである。

しかし、よく見ると、クルドサック側の道の方が駐車場っぽいそっけない雰囲気であるのに対して、裏庭の方が緑豊かで心落ち着く空間となっている。確かに、お客さんから見るとクル

クルドサックの行き止まり部分。

クルドサックから見た家の玄関。

クルドサックから裏庭へ抜ける小路。

住宅の裏庭どうしをつなぐ小路。

ドサックの方が「表」かもしれないが、実は、今私が裏庭と呼んでいるところの方が、「表」といった風情を有しているのだ。

この小路を通り抜けると今度は、こうした小路をつなぐ、つまり、住宅の裏庭どうしをつなぐような、クルドサックと並行に走る小路に出る。これをたどっていくと、美しい芝生と大木がまばらに立つ、広い公園に出るのである。この公園にたどり着くまでには、歩行者専用道路しか通らない。

ラドバーンの初期に開発された住宅地は、2つの大きなスーパーブロックを構成し、それぞれのスーパーブロック内には、前述してきたようなクルドサックと、小路と、広い公園が各々に用意されている。そして、一つのスーパーブロック内の公園の園路に沿って歩いていくと、トンネルに出くわす。

このトンネルの方の道をアンダーパス、トンネルの上の道をオーバーパスと呼ぶ。アンダーパスは、歩行者専用路。オーバーパスは主として自動車用道路というわけだ。つまり、歩行者と車をと同一平面上で交差させない、立体交差を実現しているのである。実は、この仕組みが、ラドバーンの歩車分離の完璧さを保証しているのである。

居住者が住宅から外へ車で買い物に行くには、クルドサックを車で通り、すぐさま外周道路に出ることができる。逆に、公園でくつろいだり、小学校に通ったりするときは、歩道と公園

住宅の裏庭をつなぐ小路をたどると出る広い公園。

2つのスーパーブロックをつなぐ歩車分離用のトンネル。

トンネルを通ると右手にラドバーン・スクールが見える。

都営桐ヶ丘団地のトンネル。ラドバーン方式の証し。

とトンネルしか通らないので、まったく車に出くわすことがない。こうした徹底した歩車分離が、ラドバーンの真骨頂なのである。

こうした歩車分離型の住宅地計画の方式を、この住宅地の名前をとって「ラドバーン方式」と呼ぶが、これが、ラドバーンが歩車分離の聖地である由縁である。そしてこの方式は第二次世界大戦後、世界中のニュータウン計画で次々に採用されていった。

日本でも、大阪の千里ニュータウンを始めとして、ニュータウンと名のつく町ならば、たいてい、この方式を採用しているのである。それを特徴づけるアイテムが、立体交差、つまり歩行者と車を立体的に分離するアンダーパスとオーバーパスの存在なのである。

日本で最初の、ニュータウンと称する町は千里ニュータウンであるといわれることが多いが、実はその前に、ラドバーン方式の証しであるトンネルを有する団地が、昭和32年から建設された。赤羽駅からほど近い、東京都営桐ヶ丘団地と呼ばれるところである。確かにここには、上に車を走らせ、下に、南側と北側に分けた団地をつなぐ歩行者専用路が走っている。

数年前、三浦展さんと一緒に赤羽界隈を散歩したときに、これらのことをかいつまんで説明したら、いたく納得され、『大人のための東京散歩案内　増補改訂版』（洋泉社２０１１年）にこのことをとり上げて頂いた。そしてその後、三浦さんから、ラドバーンの、このトンネルの出自が、実は、ニューヨークのセントラルパークにあるらしいとのご教示を頂いた。

セントラルパークの具体の設計は、拡張計画のために1858年に実施されたコンペによって決定された。このコンペに勝ったのが、アメリカのランドスケープ・アーキテクトの父と言ってよいフレデリック・ロー・オルムステッドと、建築家のカルヴァート・ヴォークスであった。この拡張工事は南北戦争中も続けられ、1873年にようやく完成となった。

当時のセントラルパークの図面を見ると、あちらこちらに、ArchやArchwayという名前が付いていることがわかる。日本語に訳せば、アーチやアーチ道といったところであろうが、これらはいずれも「橋」のマークについているのである。実はこれが、ラドバーンのトンネルの出自であることは、スタインの友人であったルイス・マンフォードも記しているし、スタイン自身が自著 Toward New Towns for Americaで言及している。しかし、マンフォードによると、セントラルパークの設計者であるオルムステッドは、このことにはさほど重きを置いていなかったようである。ただ、このセントラルパークのトンネルを、毎日のように通っていたスタインが、これをラドバーンに応用したという経緯は、納得のいくものである。

日本のニュータウンで必ずと言ってよいほど目にする歩車分離の証しの出自は、意外にも、セントラルパークにあったのである。

セントラルパークにある歩車分離のためのトンネル。

日本の集合住宅はなぜ残らないのか？

２０１０年、三浦展さんなどと一緒に『奇跡の団地　阿佐ヶ谷住宅』（王国社）という本を出した。日本住宅公団が１９５８年に分譲した阿佐ヶ谷住宅（東京都杉並区）（写真１・２）が有する絶妙なレイアウトと外部空間の質がどのように実現したのかを、設計に携わった津端修一氏（１９２５年生まれ。レーモンド事務所などを経て、日本住宅公団に入社し、初期の公団団地の多くを設計）の証言などをもとに、いろいろと掘り起こしてまとめたものだ。

その阿佐ヶ谷住宅の再開発計画は、２００９年都市計画決定され、建て替えへのカウントダウンが始まっていた。同潤会アパートの再開発のときから抱いていた疑問にここでまた向き合わなければならなくなる。「なぜ、建築的評価の高い団地を残すことができないのだろうか？」という、素朴な疑問である。しかし、質問が素朴であればあるほど、答えるのは難しい。以下、海外の歴史的集合住宅を引き合いに出しながら、その答えの近傍を考察してみたい。

写真1: 阿佐ヶ谷住宅の住宅配置。

写真2 : 阿佐ヶ谷住宅の各戸へのアプローチ。

ここでテーマにしたいのは、ある時代を代表するような、建築的評価の高い集合住宅や団地を「奇跡の団地たち」と呼ぶとするなら、それらがなぜ、先進国の中では日本だけに限って、取り壊され、姿を消してしまうのかということである。

欧米では戦前の住宅に付加価値

日本では「奇跡の団地たち」の中に、当然同潤会アパートのような戦前の物件も入るだろう。だが、同潤会アパートはすべて姿を消してしまった。近年見事に再生した求道学舎の事例だけが、たった一つの金字塔のように、戦前集合住宅の遺影を復活している。

しかし、海外に目を転じると、先進国の中でそんな状態なのは日本だけなのである。欧米ではおしなべて、戦後に建った集合住宅と、戦前に建った集合住宅とでは、不動産価値が全然違う。アメリカでは、「pre-war」といって、戦前のいい時代に建った集合住宅は、むしろプレミアムが付く。

例えばマンハッタンに行くと、明治末期から大正時代にかけて建設されたデラックス・アパートメントが今も現役の超高級分譲住宅として健在である。セントラルパークの西側に建つ、ジョン・レノンが住んでいた1884年のダコタハウス（写真3）もその例である。1924年のサニーサイド・ガーデンズ（写真4）は、かの有名なラドバーン（歩車分離の先駆けとなった

写真3: ダコタハウス(1884年、米国)
マンハッタン島のほぼ中央のセントラルパーク西脇に建設された豪華分譲アパートメント、現在もコアップ方式(co-opのこと。組合所有方式。ちなみに、日本の区分所有方式はコンドミニアムという)の分譲集合住宅として機能している。

写真4: サニーサイド・ガーデンズ（1924年、米国）
ニューヨーク、クウィーンズに、郊外形式のいわゆるガーデンアパートメントとして建設された、大規模集合住宅団地。低層から高層までの集合住宅が街区の立地特性を生かして設計された。現在多くはコンドミニアムとなって住まわれている。

住宅地開発）を設計したクラレンス・スタインとヘンリー・ライトの設計であり、日本の同潤会アパートに相当する時期の開発だが、今も健在である。これらは例外として残っているのではなく、壊された建物の方が例外なのである。

アメリカが特別なわけではない。フランスでは、世界初のRC造集合住宅といわれる1903年のオーギュスト・ペレのフランクリン街のアパート（写真5）が健在だし、1920年代にパリ南郊に開発されたビュットルージュ田園都市（写真6）は、公共住宅の大団地であるが、現在でもパブリックハウジングとして健在だ。

敗戦国でも戦前の住宅が健在

アメリカもフランスも、第二次大戦の戦勝国だから戦前のいいストックが残っている、というわけでもない。日本と同じ敗戦国ドイツでは、爆撃を受けた著名建築物の多くは、戦後になって元どおりに復元されている。シュトットガルトのヴァイセンホーフ・ジートルンク（写真7）では、被爆した建物が復元され、住まわれている。フランクフルトに行けば、エルンスト・マイによる数々のジートルンク（写真8）が見事に住みこなされている。ベルリンでは、ブルーノ・タウトによる有名な馬蹄形をしたブリッツ・ジートルンク（写真9）をはじめ、ミースやグロピウスが設計したジートルンクが歴史的な補修を施され、住まい続けられている。今ではこ

写真5: フランクリン街のアパート(1903年、フランス)
オーギュスト・ペレ設計による、初の鉄筋コンクリート集合住宅と言われる。きれいな装飾を施したタイルの外装材はまだ健在である。

写真6: ビュットルージュ田園都市(1920年代、フランス)
フランス版田園都市のひとつ。パリの南に公共住宅として建設された団地で、日本の同潤会アパートと同様、アール・デコとモダニズムの少し入った様式建築風のデザインが特徴。

写真7: ヴァイセンホーフ・ジードルンク(1927年、ドイツ)
ミースを中心に、グロピウス、タウト兄弟、コルビュジエ、アウトなど、当時のそうそうたる近代主義者たちをシュトットガルト郊外の住宅地に呼び集め、理想的な住宅団地をつくり、博覧会を行った。現在でも住み継がれている。

写真8: エルンスト・マイによるレーマーシュタート・ジートルンク(1928年、ドイツ)
第一次世界大戦後のドイツで流行した、郊外型の低層住宅団地。近代主義に目覚めつつあった、ドイツ建築家の腕試しの場でもあった。

写真9: ブリッツ・ジードルンク（1925年、ドイツ）
ベルリン郊外に建つ、ブルーノ・タウトの代表作。池と庭を広く囲む馬蹄形の配置計画が有名。馬蹄形住棟を中心に低・中層の住棟がさらに取り囲む。

れらベルリンのジートルンク群はまとめて世界遺産となっている。

ドイツと同じく、第二次大戦で破壊されたオーストリアのウィーンでも、赤いウィーンと呼ばれた時代（１９２０〜３０年代）に、「民衆のための宮殿」として建設された３００以上の集合住宅がほぼすべて残っている。カールマルクス・ホフ（写真10）が有名だが、それを越える傑作がいくつもある。ここもドイツと同様、戦後になってきちんと補修された。１９８０年代からは、歴史的な建物として、外観をなるべく変更しないような形でのリノベーションが続いており、主として外断熱と設備系の更新が図られている。

ウィーン在住の建築家、三谷克人さんによると、あちらでは、２００年ももっているのだから、これから２００年は平気でもつだろうという考え方らしい。そもそも、コンクリートの中性化ということ自体があまり問題になっていない。問題がコンクリートの品質であるならば、残そうという意志さえあれば、日本の求道学舎のように丁寧にコンクリート躯体の再生を図ればよいだけのことである。

欧米ばかりではない。アジアの旧植民都市などでは今も黄金の１９２０年代を中心としたアパートたちがたくさん残っている。ただ、公的支援の下に保存されているわけではないので、早晩、日本のように絶滅してしまう恐れがある。そうした中でも、シンガポールではその時代の建物がきれいにリノベーションされて、人が住み続けている（写真11）。

写真10: カールマルクス・ホフ（1927年、オーストリア）
第一次世界大戦後の社会主義政権下、労働者のための宮殿として、たくさんの集合住宅が建設され、多くは偉人たちの名前が冠された。中でもカールマルクス・ホフは、最大級の住棟規模を誇る象徴的存在。

写真11: シンガポールの1920年代のアパート
シンガポール中心部では、イギリス植民地時代に形成された、ショップハウス型の中・低層RC造集合住宅が、政府肝いりの補修事業を経て再生され、生活の場、観光の場となっている。

以上、ここで記述してきた外国の「奇跡の団地たち」は多くの場合、何らかの行政的な援助・補助があって成り立っている。つまり、建築を文化ととらえ、建築文化をある一国、ある一地域のアイデンティティーの源としてとらえ、それを守ることがすなわち、国を守ることであり、地域を守ることであると考えられているのだ。

建て替えが〝経済刺激〟の道具に

それでは、建築の在り方を文化とはみなしていない国においては、どのような理由で建て替えがなされるのか。ひと言で集合住宅や団地の建て替えといっても、大きく二種類に分けられる。賃貸と分譲だ。賃貸の場合はさらに、公営やUR（かつての住宅公団）のような公共住宅の場合と、個人や企業などの民間の場合の2種類が想定できる。

民間の場合は、1敷地に1棟だけが建っている単棟型が多いが、1敷地に複数棟が建つ団地型の場合でもせいぜい数棟で形成されることが多い。この場合には、持ち主の一存で、たいてい採算性を理由にして簡単に建て替えられる。

一方で、公営住宅の場合はもともと法定耐用年数の半分が経過した時点で、建て替えに着手できることが制度的に規定されていたので、各自治体の判断で建て替えが進んでいた。

公団については1991年から、昭和30年代に建設された団地について建て替え事業の対象とすることになった。今は方針が変わっているが、当初は昭和30年代の中・低層団地であれば、すべて建て替えるという、極めて乱暴な仕切りであった。

理由としては、社会的に陳腐化した住宅の面積や設備を現代に適した形にするためであり、団地周辺の土地利用の変化に合わせて団地の密度を上げて、土地の利用効率を高めるためであった。

こうした理由のためであるならば、欧米並みのリノベーションでも対応できるはずだ。しかし、日本では、実質的には〝経済刺激策〟としての建て替えという理由が大きかった。建築が文化と認識される前に、経済活性化のネタとして認識されたのだ。

かつて保存運動で世間をにぎわせた都営の旧同潤会大塚女子アパートの取り壊しが、大急ぎで行われたが、その跡地がいまだに更地のままである（2010年現在）。建築が文化として認識される前に、証拠隠滅されることさえあるのだ。

合意の前にコミュニティが崩壊

次に、分譲集合住宅を考えてみよう。賃貸の場合は、事業主体としての意思の統一は最初から図られている。しかし分譲の場合、事業主体となるのは、個々の区分所有者たちである。この意思の統一を図るのが、極めて困難なのである。

これまで日本で行われてきた、分譲集合住宅の建て替えには、たいてい20年から40年という長い合意形成のための時間が費やされている。日本最初の分譲集合住宅の建て替えといわれる公団宇田川住宅は1956年(昭和31年)に分譲され、わずか17年後に建て替えられた。その最大の理由は、渋谷区役所の直近という立地から、もっと高容積に建て替えれば莫大な利益が居住者に還元でき、さらに新たな開発メリットを事業主が享受できるというものだった。

この開発メリットの御旗《みはた》の下、個々の家庭事情の違いを乗り越えて、すぐに団結できたのだ。その後の建て替えの多くは、このスタイルを踏襲したものであった。つまり、経済的開発メリットが建て替えの推進役だった。

行政の方でも、これを加速する制度を次々と用意した。総合設計による容積率割増制度や、市街地再開発事業による補助事業の適用などである。こうした開発誘導策の共通項は、大規模であれば都市政策の一環として援助するということである。

このため、分譲集合住宅の建て替えでは、スケールメリットによる行政支援策を当てにして、より収益性の高い大規模開発を志向するというアクセルが働いた。そして、「何十年かけてもいいから、スケールメリットを志向する」というスタイルが、常態化したのだ。

しかしここで忘れてはならないのは、長い再開発プロセスは、〝コミュニティ崩壊プロセス〟に容易になりうるということだ。何十年もかかる合意形成の中では、当然いくつもの再開発案が、いろんな事業者から提案され、何度も却下される。そのたびに、住民は賛成と反対に分かれ、それぞれの言い分を戦わせる。文字通り、コミュニティが核分裂よろしく、四分五裂していく。私はそんな場面を同潤会アパートなどの再開発現場で何度も見てきた。

小規模な更新で町を残す

ざっとこのようなことで、日本では「奇跡の団地たち」が文化であると認識される前に姿を消してしまったわけであるが、筆者は必ずしも全面保存に固執する者ではない。

先だって、アメリカが戦時中に開発したオハイオ州のグリーン・ヒルズに行く機会を得た。ここのほぼ中心の街区が少し荒れてきたというので、町ではその街区内の土地建物を買い取り、ミニ再開発を仕組み、新たにアパートや戸建て住宅を新築している(写真12)。もちろん、戦時中の住宅地であれ、歴史に飢えている国アメリカにとっては、歴史的遺産ということで、保存派と再開発派の間のいざこざがないわけではない。しかし、小規模に建て替えを進め、全体としては、町の文化が残っていく。このようなプロセスを誘導していくことが、今後の日本の団地、ひいては町の成熟に必要なことであり、そこで様々な、「部分改善の提案」を仕組むことが今後の建築家の仕事となってほしい。

写真12：アメリカが戦時中に開発したグリーン・ヒルズでは、中心街区が荒れてきたことから、行政が街区内の土地建物を買い取り、新たにアパートや戸建てを新築している。上の写真の右側が建て替え後、左側は保存されている。こうした「部分改善」の手法は、日本の団地再生にもヒントになるだろう。

Ⅲ

成熟化の21世紀型住宅地

コンパクトシティ?

いまの日本の住宅地で最大の課題の一つは少子高齢化である。この少子高齢化の延長上に横たわっているのが人口減少であるが、この課題に立ち向かうための特効薬として唱えられているのがコンパクトシティという考え方である。

かつて人口が増加する途上において広がっていった市街地を、人口密度が低くなる一方の状況下で、その大きさのまま放っておいたのでは、市街地を支える道路、上下水、学校や病院などの公的建物などといった各種インフラの維持管理費の負担が高くなってしまう。と同時に、公共交通機関、ごみ収集、訪問介護・看護、除雪などといった各種サービスの効率も悪くなり、こうしたサービスの負担が高くなってしまう。つまり、都市全体の運営効率が悪くなるので、そのコストを負担できる程度の人口高密状態を人為的に作り出すために、まばらに住んでいるようなところから、計画的に撤退しようというのが、コンパクトシティの意図するところだ。

確かにこの論法は正しそうなのであるが、どうやってそれを実現していくのかという点において、なかなか厄介な課題をはらんでいる。

「住めば都」という古い言葉にあるように、人間はいったんそこに根を張って住み始めると、なかなかおいそれとはそこを引き払うことはしない。ましてや、それが何世代にもわたって住み継がれてきたような場所であれば、自分一人だけでも残って、先祖の土地を守るんだとか、お墓を守るんだという意識が強くなる。それ以前に、高齢になるほど、住み慣れた土地を離れようという意思は失せてくるのが自然だ。つまり、コンパクトシティが大事だからといって、強制移住を実施して、一朝一夕に実現できるようなものではないのである。

今回の東日本大震災では、多くの若い人が被災地をあとにして、職が容易に見つかるような大都市に、新たな生活環境を求めていったことも、一面では事実だ。しかし一方で、多くの人々が、これだけの困難を背負いながらも、それまで住んでいた場所に住み続けることを望んでいるという事実が、厳然として存在するということを知らされた。このことは、さきの中越地震でも同様であって、多くの人が山深い居住地に再び戻ることを指向したのである。このことを積極的に否定できるものではないだろう。

だからといって、コンパクトシティが間違っているというわけでもない。コンパクトシティにはそれなりの正しさがあり、長い時間をかけてそれを達成するような努力が必要であることも間違いない。少子高齢、人口減少を前提にしつつも、既存の住宅地を、それに対応した場所につくり変えていかなければならない。このような、いいとこどりの手法は、果たして存在するのだろうか?

先だって、岩手県で面白い冬の住まい方がなされている場所があるということを聞いた。岩手県西和賀町に、温泉施設が併設されている「ほっとゆだ駅」で有名な、湯田温泉というところがある。岩手県と秋田県の県境に近いところでもあるので、冬になるとたくさん雪が降り積もる。この山間地に住んでいる人々がいるのだが、当然高齢化が進み、大雪の年には雪かきが大変である。外に出るのも大変だし、逆に、外から郵便物だのストーブの灯油だのを届けるのも、これまた大変だ。こうした大変さを長年経験してきたからなのだろう。この町では冬になると山の中の住宅から、温泉郷に近い町中の住宅に引っ越し、冬の間は町中に住むという人々がいるらしい。

夏の間は山の中に住み、冬になると町中で暮らす。言ってみれば、時限的なコンパクトシティである。二拠点居住と呼んでいいかもしれない。ある意味で贅沢な話ではあるが、せっぱつまった切実な話でもある。人口が減ってきて、建物が余り始めると、こうした「知恵」でもって、ある一定の地域に住み続けながらも、コンパクトシティを時限的に実現することが目指されるべきだろう。おそらく、これを実践されている方々はご自分では、これが一種のコンパクトシティだなんて思ってないかもしれないが、私はこうした知恵が、全国でいくつも競い合うように実現していったらいいと思うのである。

オールドニュータウン

さて一方で、都市部ではこうした課題にどう向き合うべきなのだろうか。

日本では、昭和20年代後半から30年代にかけて、都市の労働力を支える「金の卵」として、大量の人々が都会に出て来る現象が起きた。田舎では若い人が抜けて行って過疎化が進む一方で、都会ではその受け皿を用意しなければならなかった。既存の都市内部には、こうした大量の人々を住まわせるだけのスペースがなかったので、都市近郊にベッドタウンという形でニュータウンを建設し、そこに住んでもらうというのが、基本的な課題の解決方法だった。

こうして郊外の処女地に大量に移住した人たちというのは、いわば戦後移住の第一世代であって、その第一世代がこうした住宅地を第二世代以降に引き継ぐことができるのか、あるいは住宅地をたたんでしまうのか、今、その瀬戸際に立たされているというのが、都市近郊における住宅地が直面している課題だといえる。

戦後にできた、ベッドタウンやニュータウンと呼ばれる住宅地、あるいは端的に「団地」と呼ばれる住宅地で、現在具体的に課題となっているのは、町に高齢者しか住まなくなってきたことである。戦後一気に住宅地となったところの人口動態を調べてみて気づくのは、こうした町は、35歳前後の親と未就学の小さい子供からからなる家族構成の世帯が一挙に集まることから、住宅地の歴史が始まっているということである。

だから、町ができた当初の人口構成は、35歳前後と未就学児だけが突出し、それ以外の年齢層はほとんどいない。まさにフタコブラクダの背中のような状態である。町は一挙に出来上がるので、それ以外の年齢の人々が移り住む余地は残されていない。だから、この初期設定のまま、町の人口が推移していくのである。

子どもたちが高校生あたりまでの間は、フタコブラクダの形は変わらないが、子供たちが大学生になるあたりに、しだいに第二番番目のコブがしぼんでいく。つまり、町から子供たちが流出していくのである。そして町が誕生して20年ほど経つと、子どもは半分ぐらいに減ってしまい、フタコブラクダの形状がヒトコブラクダに近づいていく。つまり、町が、年老いた第一世代ばかりで構成されるようになるのである。これが、ニュータウンのオールドニュータウン化、ひいては、団地の限界集落化と呼ばれる現象を招く原因なのである。

それではそもそも、なぜ35歳前後を世帯主とする核家族ばかりが集まるのか。それは、日本の終身雇用制度に基づく雇用・給与体系、それに基づくローンの組み方、住宅取得に対する課税制度、その他多くの日本の制度が、35歳前後の人々に住宅ローンを組ませて、家を買わせるという方向を向いているからである。逆に言うと、田舎から出てきた「金の卵」たちに、35歳前後で家を買わせるということで、日本経済の屋台骨の一つが成り立ってきたということでもある。その帰結の一つが、このヒトコブラクダの人口構成なのである。

そして今、問題になっているのが、このヒトコブラクダになろうとしている都市郊外の住宅地における、いびつな超高齢化にどう対処するかという課題である。当然、高齢者福祉や高齢者医療の課題が持ち上がってくるが、そのために今度は、大量の医療施設、福祉施設、高齢者居住施設をこうした住宅地に建設していくという選択肢は、あまり現実的ではないだろう。たくさん出現しつつある空家などを利用した、まだ元気な高齢者の活力を生かした取り組みがなされなければならないだろう。

その一方で常に考えなければならないのが、この町をどうしたら次世代に引き継いでもらえるのかということである。あまりにも、高齢者が住みやすい町に特化してしまったら、かえってほかの世代には住みにくい町になってしまうのではないかという恐れも考えなければならない。実際に、高齢化が進み、孤独死が多発するようになったある団地では、自治会による見守り活動が功を奏し、高齢者が安心して住める団地として全国的に名が知られるようになった。が、逆に、ここに移り住みたい高齢者がたくさん来るようになると、ずっとヒトコブラクダ型の町として固定化してしまうのではないかという危惧もないわけではない。

やはり、目指すべき都市ビジョンは、フタコブラクダでもないヒトコブラクダでもない、いろんな世代から構成されるような多様な人口構成を持つような町ではないだろうか。戦後日本がフタコブラクダ型の郊外の団地において経験してきたのは、一過性の急激な、保育園、小学校、そして高齢者施設の建設ニーズであった。かつて、ニュータウンでは小学校を設計する際に、将来的に高齢者施設に転用できることを考えているというような話もあったが、そんな風に転用されるところは実際には多くはなく、残念ながら廃校となっているところが多いのである。こうした現象を日本の国富という観点から考えると、高度成長期の間、さんざん郊外につぎ込んだお金を、結局誰も回収できないということになりかねない。コンパクトシティ実現のために、そのままニュータウンをたたんでいいのだろうか。

こうした点からも、いびつな人口構成を少しずつ是正して、まんべんなくいろんな年代の人口が張り付くような都市に修正していかなければならないのではないだろうか。ここで、ユーカリが丘という1970年代に開発が始まった千葉県佐倉市のニュータウンの取り組みが参考となろう。ここの特徴は年間200戸ずつしか住宅を供給しないという点である。仮に、ある団地に2、000戸分の敷地があるとして、その全てを一気に埋めてしまうと、見事にフタコブラクダ型の住宅地となり、これまで述べてきたような問題に直面してしまう。そこで、それを10年に分けて建設すると、フタコブの間の年齢層が埋まっていき、全体として、バランスのとれた人口構成になるのではないか。こうしたことに取り組んでいるのが、ユーカリが丘である。ここを実際に国勢調査のデータで調べると、確かに、フタコブラクダの谷間の部分が、年を経るごとに埋まってきつつある。ただ、実際にこれをまねしようと思っても、金利負担の問題とか、いろいろな課題があるのは確かだが、人口構成はコントロールできるんだという可能性を示しているモデルだといえるだろう。

住宅地の成熟化

それでは、これからの住宅地の計画論としてはどうしたらいいのか。私は、キーワードの一つは「成熟化」ではないかと考えている。

成熟化したまちとは、どんなまちなのだろうか。それは、代々住みつがれてきたまちのことなのであろう。私自身は九州の田舎町のさらに農村部の出身で、おそらく二千年近くは続いているであろう、代々住みつがれてきた場所に育った。実際に、うちの田んぼを圃場整備したときには、たくさんの弥生時代の竪穴式住居跡が出てきたし、今でもときおり、田んぼや畑からは赤い土器の破片らしきものが出てくる。こうした長い歴史を有してはいても、現状では、何の変哲もないただの田舎であるのだが、代々住みつがれてきた村の典型であるといってもいいと思っている。こうした村と、いわゆるニュータウンが異なっている点の一つが、「混ざっている」ことだ。

村の中には、お金持ちもいれば貧乏人もいる。金持ちの子どものほうがいろんな意味で強いわけだけど、貧乏人の子どものほうは根性があったりして、お互い切磋琢磨したりする。あるいは、近所に障害をもった子どもがいると、おばあちゃんが、あの子と遊ぶときはこんなことに気をつけなさいと教えてくれたりする。教え方や接し方が、多少ぶっきらぼうだったりして、完璧主義的人道主義者からすると差別と糾弾されるかもしれなさそうな場面もないわけではない。また、村には決まって年寄りがいた。よそのおじいさんが死んだ時、丸い桶に体を曲げて入れられているのを見てショックだった。ちょっと考えただけでも、おそらく、ニュータウンではめったにお目にかかれないことに、お目にかかれてよかったと、今では思っている。

世界的に有名な建築家で、ルイス・カーンという人がいて、彼がかつて書いていた言葉を思い出す。「いい都市というのは、子供がその都市で育つ時、大人がいろいろなかたちで働く姿を見て、自分は大人になったらああいう仕事をしたいな、と思わせるような都市だ」というようなことだった。そういう、ちょっと堅めに言えば、全人格的教育環境というものを、我々はどうつくり、次世代以降に残すことができるかということが課題なのであり、これが成熟化の一つのテーマだと思う。子供は幼稚園、保育園、学校。老人は老人ホーム。障害者は障害児の施設。そしてまちには、核家族ばかりの専用住宅。こんなまちは、ルイス・カーン的には不合格なのだろう。

20世紀の限界を超えて

ニュータウンに代表されるような計画住宅地には、その成り立ちからして、いくつかの限界が仕組まれていた。

その一番目は、「純化」である。そもそも近代都市計画は20世紀初頭に始まっているのだが、その主目的は、スラムの防止であった。スラムとは、煤煙を吐く工場や、喧騒の巣窟である商店に取り囲まれた、不衛生な狭小過密な住宅群のことであり、産業革命を一番に経験したロンドンで、一番深刻だった。そこでE・ハワードによって発明されたのが、田園都市であった。ニュータウンの先祖である。郊外の田園のただなかに移住し、そこで働く場（工業）も、消費の場（商業）もある、自立都市をつくろうという考え方だ。ここにおいて明確な形で、用途純化が提唱された。つまり、住宅地、商業地、工業地を明確に分けて設計しようという考えである。このことによって、これまで人類が経験してきたような自然なまちの成熟プロセスが阻害され、住宅地から商業と職業（産業）が分離される仕組みがつくられたという側面もある。

20世紀住宅地計画の二番目の限界は、「一つの家族は一つの住宅に住む」という、一見正しそうで、実はそうばかりではないのではないかという、命題である。この命題も、スラム問題から生まれている。コレラやペストに直結するスラム問題は、国家的な問題であると認識された。つまり、最低限の住宅の保証を国家が行う住宅政策という仕事が創り出されたのである。そこで、住宅不足という概念が生まれる。まず、家族という単位を設定し、それが一つの住戸に住んでいないと、ホームレスであると定義する。だから、毎年何戸住宅を建設しなければいけないという計算が成り立つ。日本では、この算法が大正末に入って輸入され、ごく最近まで続いていた。ところが、普通の家族は、必ずしも一つの住宅にばかり住んでいる訳ではない。

数年前にヒットした流行歌の「トイレの神様」では、主人公はなぜだか隣のおばあちゃんと暮らしていて、トイレに神様がいることを教わった。これは隣居である。また、東京の下町を調べると、狭い長屋暮らしで長男が受験生になったときに近所のアパートを借りて勉強部屋にしてた、などという事例は枚挙にいとまがない。私自身、横浜の外れのニュータウンに住んでいた時、田舎に暮らしていた妻の両親を隣の駅に呼び寄せ、子供の面倒を見てもらっていた。これは近居である。ことほど左様に、「一つの家族は一つの住宅に住む」訳ではないのに、都市のあり方、住宅のあり方は、いまだに20世紀型の思考を踏襲しているのである。

三番目の限界は、20世紀の住宅地づくりは「プロセス」すなわち時間経過を無視してきたことだ。家族もまちも植物も、時間が経つと変わるわけで、ある瞬間の時間断面において、1家族に1つの住宅をあてがうというような発想でやって来た結果、ふっと後ろを振り返ってみると、そこで営まれる生活と、供給された空間がマッチしていないことに気づく。広い二階建の家に90歳のおばあちゃんが一人暮らし。その隣では、小さな2LDKのおうちに、4人家族が狭く住んでいる、というのもありふれた現象だ。もっと近居・隣居を多用すれば、まち全体は有効に住みこなされる可能性があると思う。当然そのためには、地域内に多様な住宅ストックが用意されなければならない。大きい家もあれば、小さい家もあり、アパートもあれば、長屋もある。そんなまちが実は、新しい計画住宅地にはあまりないのである。まちに多様な人が住むためには、多様な住宅ストックが必要だ。この当たり前のことが、時間のプロセスの中で、循環的に生じていってこそ、まちは成熟していくのである。そしてその中で、多様な用途が形成され、近居・隣居を通じて、多様な家族が受け入れられるようになるのだろう。

最後の限界は、「記憶の継承」の問題だ。成熟したまちを子どもたちに引き継ぐときに重要なのは、記憶である。様々な建築物、広場、あるいは樹木などには、そこで活動してきた何十年分もの記憶が託されている。ちょっと古めの住宅地にある行事は、いつかの時点で誰かが始めたものだ。例えば、最近はやり始めている、クリスマスネオンやハロウィンが、堂々とその町の伝統行事として、残っていくことこそが、実は一番大事なことだったりするのかなと思っている。

賃貸住宅と若者の都市復権を！

戦後持家政策を推進してきた日本では、賃貸住宅の果たす役割は縮小しつつある。公的ハウジングの分野においては新規物件の供給がほとんどストップし、企業のもつ社宅や寮は廃止され、住宅地においては建築協定や地区計画などによって賃貸アパートの建設が禁止され、都市部においてはワンルームマンションが規制され、農村部においては農地を潰して建てた鉄骨アパートから空き家が増えている、という現象が一般的となっている。

一方で、空き家が増えるなかで、家を所有することだけが本当に豊かな生活を保障する唯一の手段なのかということが問われることとなり、また、地域の再生にとって手軽に用途を転換することが容易で、地域に新たな息吹をもたらす可能性を秘めた賃貸住宅が、地域再生のテコとなっているケースが増えているのも事実である。また、リノベーションによって、社宅や寮や公的賃貸住宅すらも、シェアハウスやサービス付き高齢者向け住宅といった形の賃貸住宅に生まれ変わりつつあり、若者を地方に呼び込むための新たな賃貸住宅も必要とされている。

いまひとたび賃貸住宅に焦点を当て、その可能性について再考すべき時期にさしかかっているのだろう。そこでいま一度、賃貸住宅の復権が、若者の都市復帰、ひいては若者の社会への参画に大いにつながる可能性のあることを説いてみたい。

賃貸アパートがもつ特性

図1は、人口が40万人ぐらいの東京近郊の市で、約10万人分の土地家屋台帳と住民基本台帳の両方のデータを突合させてつくったものである。戸建住宅、分譲共同住宅、そして賃貸共同住宅の三つのビルディングタイプ別に、新築時、築10年時点、築20年時点、築30年時点で、どういう年齢の人が住んでいるのかをグラフにしたものだ。

見てわかるのは、新築の戸建に住む人は35歳と子どもたち、しかも生まれたての子どもたち。10年後は、もちろん右に10年ずれて45歳と小学校の子どもたち。20年後は55歳と20歳を過ぎた子どもたち。子どもの数はどんどん減っていく。30年後は60〜70代の親と30過ぎの子どもたちということになっている。分譲マンションもおおむね戸建住宅と同様の動向を示している。

ところが、賃貸アパートをみてみると相当違っていて、新築では25歳あたりの親がピーク、子どもたちは生まれたてがピーク。10年後になると、それでも25歳から30歳前半がピークで、

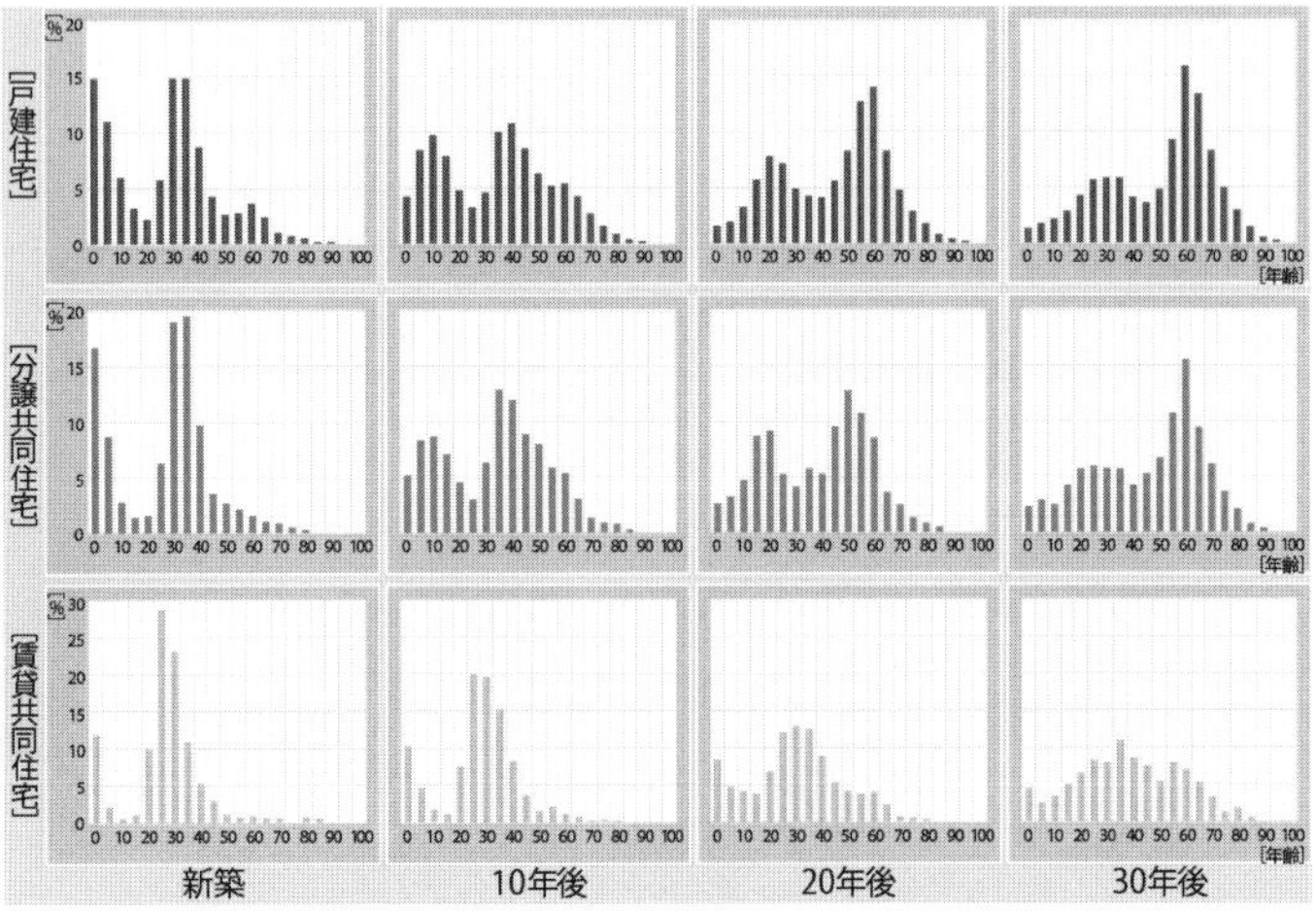

図1：各住宅形式の築年変化による居住者の人口構造の変化を数値化。

子どもは生まれたてが多い。20年後のアパートも20代後半から30代後半が主流で、子どもはここでも生まれたてが主流。築30年のアパートはさすがに30代後半がピークだが、子どもはここでも生まれたてがいちばん多い。明らかに賃貸アパートは、時間軸の中で見た時に、戸建や分譲マンションとは異なった人々を集住させる器になっている。

嫌われてきた賃貸住宅

賃貸アパートには、上記のような「分譲系」の住宅とはかなり異なった居住者を惹きつける特性があるのだが、それらが「集合」して、地域を形成する場合のことを考えてみよう。戸建住宅団地や分譲マンションを供給することを考える際には、通常、そこに「賃貸」が入り込んだ計画は「いけないもの」とされてきた。戸建住宅団地は、端から端まですべて、良好な持家の戸建住宅で計画されていることがよい住宅地計画の前提であり、地区計画や建築協定などによって、賃貸アパートが建たないように縛りがかけられていることが多い。

一方で、分譲マンションの場合も、最初から賃貸用の住戸を用意することはまず考えられていない。投下資金回収速度の遅い賃貸住宅を経営するよりも、一瞬で投下資本を回収できる分譲住戸の方が、常に借り入れを前提として事業を組み立てる側からすれば、「おいしい」ことは当然である。

このように、戸建団地の場合は主として「戸建の分譲住宅だけで成り立っているのがいい団地なのだ」という思い込みや、分譲マンションの場合は主として「投下資金短期回収のために賃貸住宅は計画の埒外である」という現実によって、新規の集住計画において賃貸住宅は毛嫌いされてきたのだ。

では、既成市街地ではどうか。以前、東京23区のワンルームマンション規制を調べたことがあるのだが(注)、全ての区でワンルームマンションの計画に対してさまざまな規制をかけていた。あまつさえ、ある区ではワンルームマンションを建設する場合、1戸当たり「50万円の税金」を徴収するという条例までつくっていた。ちなみにこの区は23区の中で唯一、例の「消滅可能性都市」として名前の挙がっているところである。都内の不動産業者の方に、こうしたワンルームマンション規制について聞いてみたところ、あっさり「儲けが出るんだったら50万円払ってでも建てるでしょう。当然。」という答えだった。経済原理にのっとれば、儲かるんだったら税金払ってでも建てるだろうし、儲からないんだったら補助金をいただいても建てないというのは、ごく当たり前のことである。実際この区で1戸あたり50万円払って建てられている物件は後を絶たないらしい。すなわち、経済的に成り立つビジネスとして認識されているのである。この施策は現実としてワンルームマンションの減少には役立たないらしく、結局この施策は小規模の賃貸アパートの値段を底上げするだけの効果しか得られないのではないだろうかと思う。

そもそも、こうしたワンルームマンション規制条例が成立する背景が何なのかを、会議録などで調べたこともあるのだが、どうやら地元の人々らがワンルームマンションに住まう若者を「毛嫌い」しているのが、事の本質のようである。若者が近くに住むと「自治会に入らない」「時間外にゴミを出す」「夜中うるさい」「自転車や車を違法駐車する」さらには、「得体の知れない人が出入りする」というのである。こんな理由が、ワンルームマンション規制のバックグラウンドにあることが判った。

しかし、冷静に考えてみると、このように若者を毛嫌いしているおじさんおばさんたちは、半世紀以上前にはご自身が若者だったわけで、当然、都心近くのアパートで暮らしていた人も多いだろう。大学教員をやってるからだろうか、若者を見ているといつも自分の昔を思い出す。だから、多少のことは多めに見てあげないと、と思うのである。逆にいうと、最近の大人はこらえ性のないひとびと、すなわち「子ども化」しているのではないかとすら思う時もある。地域住民から発せられる「若者嫌い」や「子どもの声がうるさい」というエゴが、日本の居住地の将来を暗くしないように願うばかりである。

（注）木下龍二・大月敏雄・深見かほり「東京23区にみるワンルームマンション問題と対応施策の変遷に関する研究」『日本建築学会計画系論文集』第624号、2008年2月

Ⅳ

同潤会と不良住宅地区改良事業　東日本大震災を念頭に

日本における不良住宅

日本において、いわゆるスラム問題が社会的に議論されるようになるのは明治20年代であった。有名な横山源之助の『日本之下層社会』が発行されたのは明治32年であったが、その前に松原岩五郎の『最暗黒の東京』（明治26年）が出版されている。

明治20年代から東京では、本格的な産業革命といってよい状況が出来し、このことにより東京の郊外部（江戸の朱引き線の外あたり）でスラムが出現したのだった。この状況はまず、散発的な新聞記事などによって世の中に報告され始め、そして前述の出版物となっていったのである。当時、こうした居住地は「貧民窟」や「細民窟」と呼ばれていた。

こうした問題については、主として宗教関連の慈善団体が対応していたが、日本の行政機関がこの種の問題に取り組んだものとして有名なのは、明治44年に完成した、「辛亥救済会玉姫長屋」であった（図1）。明治43年に起きた吉原の大火の後、東京府や東京市に集まった義捐金でもって、「辛亥救済会」という外郭団体を設立し、災害復興の一環として復興住宅を建設したのである。吉原の周辺も低所得者層の居住地であったため、低所得者層のためのハウジングというニュアンスも強かったろう。

ここで着目すべきは、復興住宅が必ずしも住宅のみで構成されているのではないということである。店舗併用住宅、託児所、銭湯、職業紹介所、簡易宿泊所が、復興住宅である長屋と同じ敷地に建設されていた。「住宅だけの復興」ではなく、「まちの復興」が目指されていたことは明らかである。

政治家・能吏と震災・同潤会

その後、大正時代になると、この種のスラム問題を含む形で、「都市問題」というものがクローズアップされた。そして、行政機関からもこれに対応する動きが出てきた。

まず、大正6年に内務省地方局に救護課が新設され、翌大正7年には内務省内に救済事業調査会が設置され、政府が貧困者問題をとり上げる機運が盛り上がった。そしてその翌月に米騒動が起き、その善後策として同年、「小住宅改良要綱」が同調査会により内務大臣に答申された。時の内務大臣は後藤新平であった。これにより、六大都市（東京、横浜、名古屋、京都、

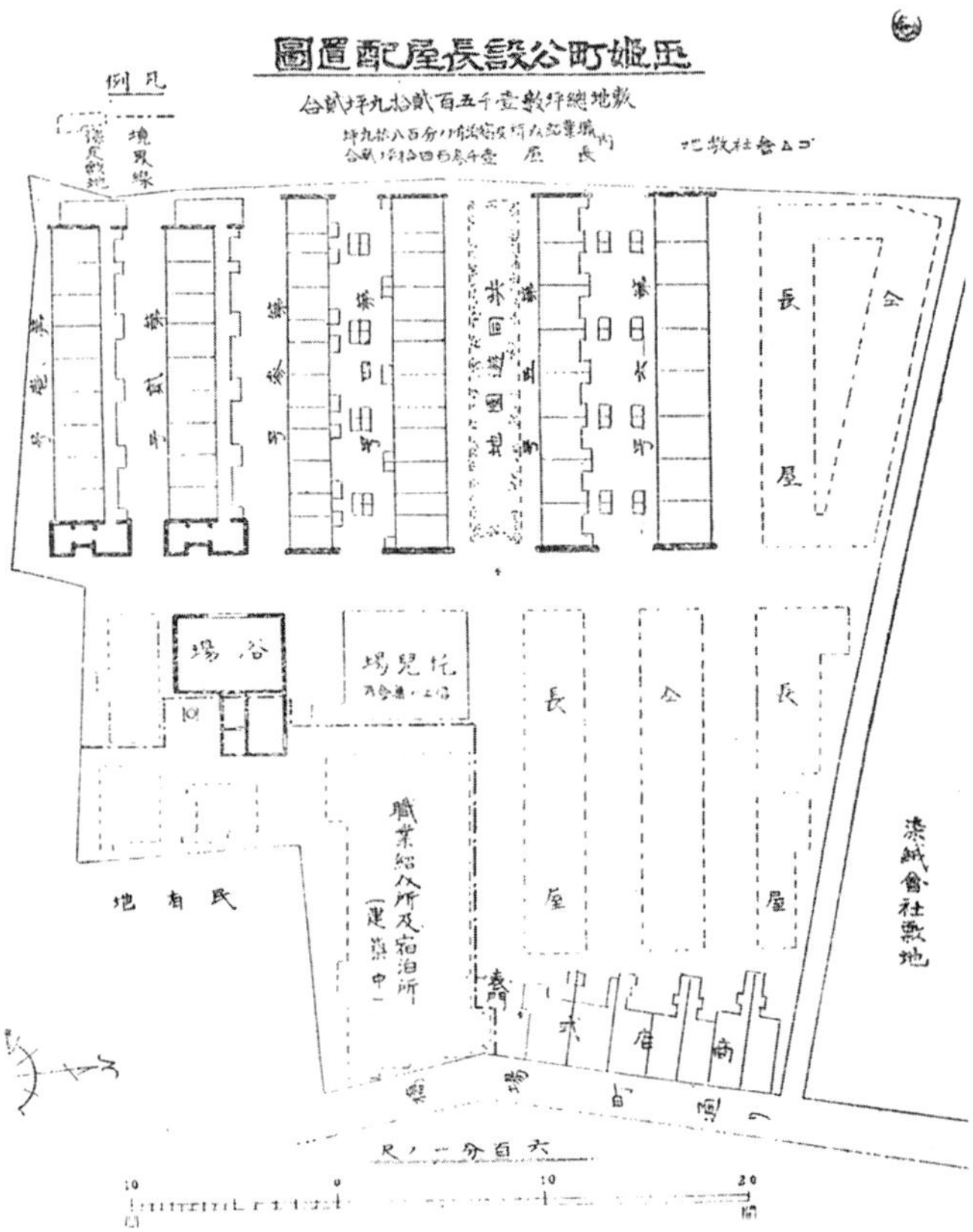

図1: 玉姫町公設長屋配置図(『浅草区史』浅草区、1913)。

大阪、神戸）では、市営住宅が建設されることになった。ここにいう「小住宅」とは、のちに「不良住宅」と呼ばれるものをも含む概念であった。

この間、建築・都市政策も大きく動いていた。大正6年には後藤新平の肝煎りで都市研究会が設立され、大正8年の都市計画法、市街地建築物法を生み出す母体となった。大正7年には内務省に都市計画課が設置され、初代課長には都市研究会の世話役であった池田宏が就任した。

大正時代のこうした都市政策を決定づけた人事は、すでに名前を出した後藤新平の内務大臣就任を契機とする。寺内内閣のもとで後藤が内務大臣であったのは、大正5年10月から大正7年4月の一年半ばかりのことであったが、この短期間の中で、前述した「救護課設置」「都市研究会設置」「救済事業調査会設置」「小住宅改良要綱答申」「都市計画課設置」という、矢継ぎ早の改革がなされたのである。

後藤はもともとは医師であったが、内務省衛生局長、台湾総督府民政局長、満鉄総裁、内務大臣、東京市長などを経て、関東大震災直後に再び内務大臣となり、復興院総裁となった。その後藤には三人の片腕がいた。永田秀次郎、前田多門、そして前述の池田宏であった。後藤の東京市長時代、ともに後藤の片腕として活躍した人物であったが、特に池田は、後藤が東京市長に就任する以前から都市計画分野で後藤の良き右腕として活躍していたのである。

後藤が東京市長に転出すると、池田は後藤にくっついて東京市助役となり、この時、例の東京市8億円計画が発表されるわけだが、池田はその立案にも携わっていた。そして、関東大震災後に帝都復興院が設立されると復興院計画局長となり、復興計画に道筋をつけたのである。

実はこの一連の帝都復興さわぎのどさくさの中で、この池田が財団法人同潤会立ち上げの画策をしていたのだ。国内外から集まった義捐金のうちから、一〇〇〇万円をいち早く確保し、それで財団法人をつくったのだ。池田は、内務大臣兼復興院総裁であった後藤の内諾を得たのちに、すぐさま閣議決定に持ち込ませたのであろう。こうして、財団法人同潤会が誕生したのである。中国古典からとった「同潤会」という名称も、池田の命名であると思われる。

さて、昨今の日本における義捐金は、日本赤十字社を通じて原則として個人に配分されるそうだが、現代のこの国に後藤のような政治家と、池田のような能吏がもしいれば、阪神・淡路大震災の復興やその後の諸震災の復興の様相も、相当変わっていたに違いない。

〝まちを復興する〟――同潤会事業の特徴

同潤会が本来担うべき事業は、復興住宅の建設であった。この復興住宅建設事業は、木造のものと鉄筋コンクリートのものの二種類が考えられており、前者が「普通住宅事業」、後者が「アパートメント事業」と呼ばれていた。普通住宅を一種の「田園都市」として郊外につくり、都心にはアパートメントをつくるというのがこの二種のハウジングの意図するところであった。

同潤会では、発足当初からこの二種の事業を遂行しようと用地買収を始めていたが、途中で政府から「仮住宅」建設の要請があった。同潤会にとっては寝耳に水の仕事ではあったが、大正13年5月に発足した同財団は、同年度中に七ヶ所、二一六〇戸の仮住宅を完成させた。仮住宅とは、被災者が震災後すぐに収容されていた公設・民設のバラック(今の避難所に相当するものと思われる)から、区画整理等で立ち退きを迫られたために、それらの人々を収容する目的で建設されたものである。ここでも着目すべきは、仮住宅とはいえ、住宅のみで構成される仮住宅ではなかったということである。店舗併用住宅(図2)、仮授産場(今でいう、職業訓練所)(図3)、その他にも集会施設や銭湯も併設されていた。現在の東日本大震災の仮設住宅の機能的貧困さ加減と比べると、天地の差である。

同潤会アパートの特徴のひとつとして福祉施設の充実がよく挙げられるが、同潤会は何もアパートメント事業のみにおいて、福祉施設をがんばっていたわけではない。ほかの普通住宅事業でも、仮住宅でも、そして次に述べる不良住宅地区改良事業でも、当たり前のように、当意即妙に福祉施設を充実させていた。しかも、こうしたまちの復興については、前述の辛亥救済会という前例もあったし、同潤会より前に建設された市営住宅にも同様の福祉施設は整備されていた。

つまり、戦前の都市・住宅の計画者は、「住まいとまちを地続きで計画せねばらない」こと

図2: 塩崎町仮住宅店舗(同潤会『同潤会十年史』、1934)。

図3: 方南町仮住宅授産場(同潤会『同潤会十年史』、1934)。

を、当たり前のように知っていたのである。戦時中から戦後にかけての、「住宅政策＝住戸数消化策」という貧しい精神の図式のほうが、むしろ人びとの暮らしにとって不自然であり、日本の社会の歴史の中では、異常な事態であると考えたほうがよいのではないだろうか？　残念ながら、平成23年になっても東日本大震災の仮設住宅建設において、この異常な事態が継続していることを目の当たりにする時、ある種の戦慄を覚えざるを得ない……。

不良住宅地区改良事業

猿江裏町

さて、本題の不良住宅についてであるが、同潤会が手掛けた三つの不良住宅地区改良事業のうちの最初の猿江裏町地区は、関東大震災の前から、内務省によってモデル的環境整備のターゲットに想定されていた。東大教授であった内田祥三が、震災前からすでに猿江裏町の住宅調査を実施していたのである。その当時の図面が東京都公文書館の内田祥三文庫に残されている。大震災で一度は灰燼に帰したこの地も、すぐさま、以前よりも悪い状態で再び不良住宅化していた（図4）。

前述のように同潤会では、普通住宅とアパートメントの二本立てが本流の事業であったが、仮住宅の次に、内務省から下された命令が、不良住宅地区改良事業のモデル事業の実施であっ

図4: 従前の猿江裏町地区の様子（同潤会『不良住宅地区改良事業後に於ける地区内居住者生計調査報告書』、1933）。

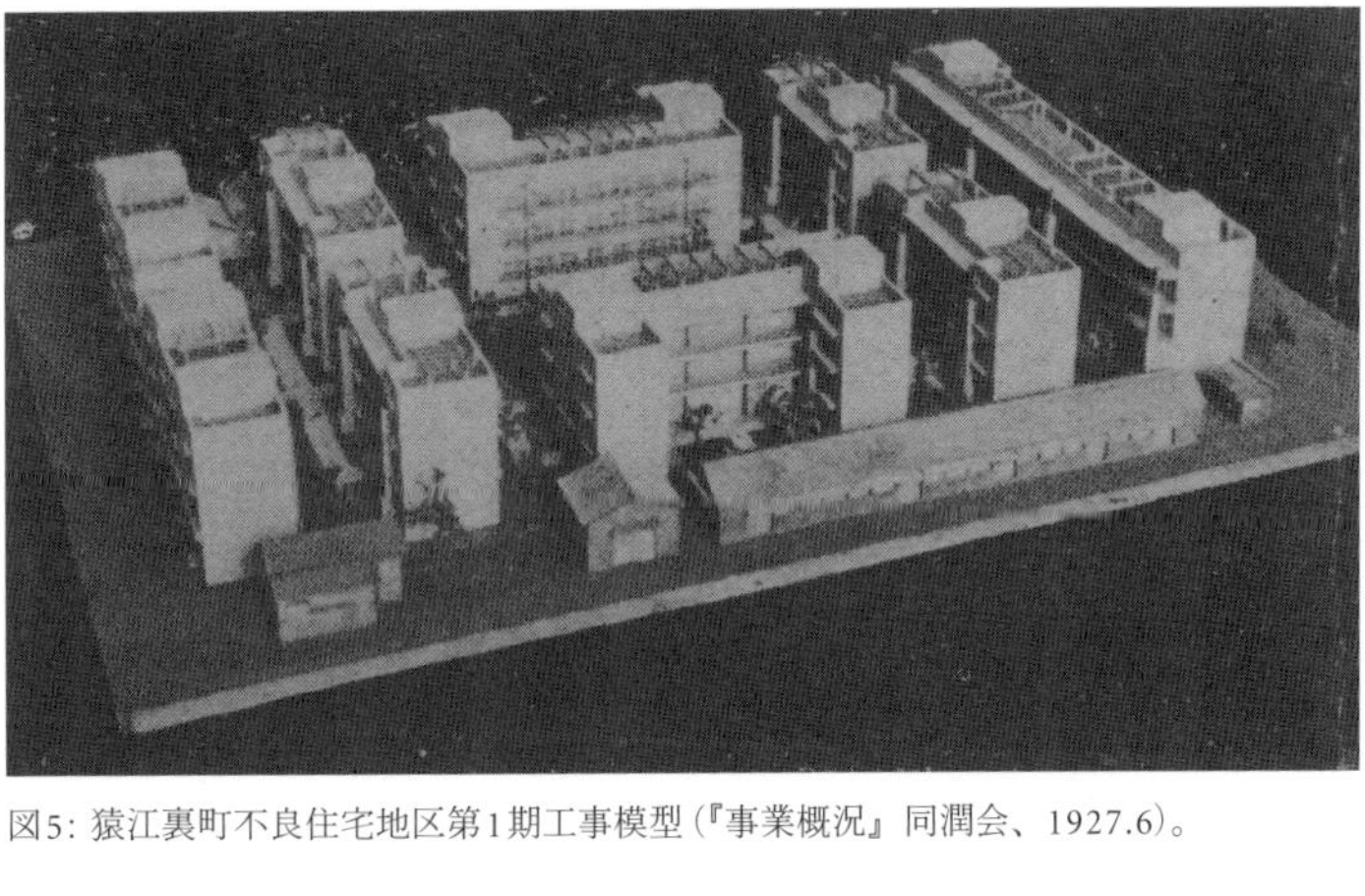

図5: 猿江裏町不良住宅地区第1期工事模型（『事業概況』同潤会、1927.6）。

た。政府はこのモデルケースの完成をもって、不良住宅地区改良法の成立をもくろんだのである。そのモデルケースのターゲットが猿江裏町であった。結果、猿江裏町の改良事業の第1期(図5)が完成した昭和2年、同法はめでたく成立し、これを受け、同潤会では横浜の南太田地区、東京の日暮里地区の住宅改良事業に着手した。

さて、猿江裏町では、同潤会は「善隣館」という福祉設備を完成させ、その運営を社会事業団体に任せた。また、隣の敷地には「あそか会病院」や「保育園」が建設されており、内務省が主導する区画整理事業の換地計画の中で、同潤会の「住宅＋福祉」拠点の創出と医療拠点の創出とが同時に図られたのである。復興事業等における都市機能の配置計画はかくありたい。

また、同潤会の公の資料にはあまり出てこないが、猿江裏町共同住宅(同潤会ではアパートメント事業によるものを「アパートメント」、不良住宅地区改良事業によるものを「共同住宅」と呼び、両者を区別していた)の第2期工事の中庭には、3棟の切妻の細長い木造建築物が建設されている(図6)。かつて筆者は、30年ほど前に、このアパートが再開発によって取り壊される直前に町会長にインタヴューしたのだが、その時に、戦前は中庭に「ござ工場」があったと聞いた。この工場は、同潤会が「授産場」として建設したものであった。手に職のない居住者に、職業訓練と手間賃稼ぎの機会を提供していたのである。この他、筆者が建築家の橋本文隆氏とともに、同潤会江戸川アパートに残された管理日誌を丹念にたどっていたら、この

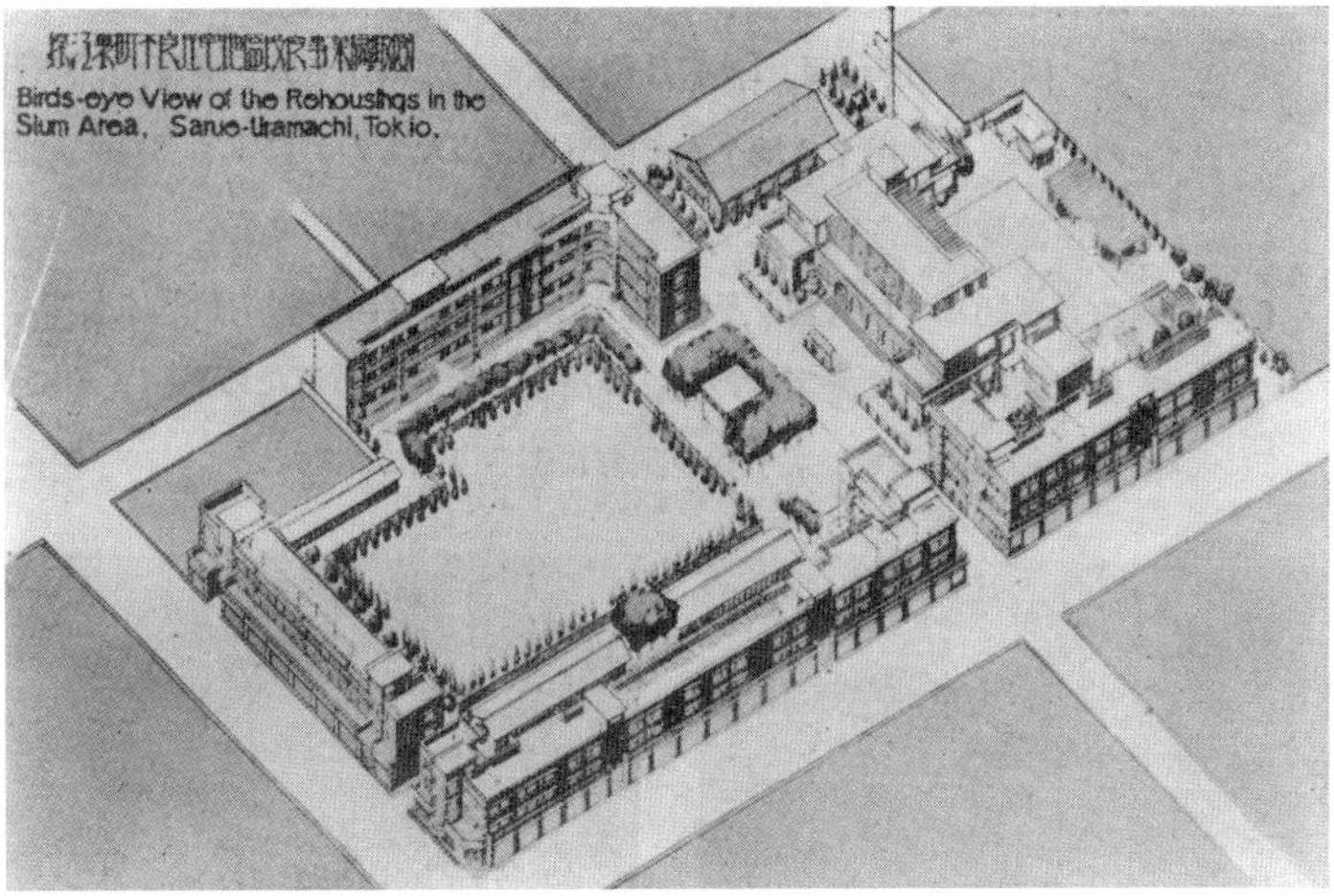

図6：猿江裏町不良住宅地区第2期工事鳥瞰パース（中村寛「住宅経営」『高等建築学第25巻』常盤書房、1934）

猿江裏町の授産場から植木職人などが江戸川アパートに派遣されていたことがわかった。

東日本大震災では「職の復興」ということが叫ばれたが、なぜ、仮設住宅ででも、こうした取り組みがなされないのか。大いなる退歩というべきなのかもしれない。

南太田

もうひとつ、同潤会が行った横浜の南太田地区の改良住宅にも触れてみよう。ここでは、図7にあるように、「屑物問屋の工場・倉庫・店舗」と呼ばれる、非住宅系の施設が建っていた。この地区は震災前からスラムとして有名な地区で、廃品回収業を営む世帯が多かった。そうした地区特性を踏まえて、同潤会では改良住宅の中にこのような生産施設を

図7: 屑物問屋の工場・倉庫(上)、店舗(下)(『木造改良住宅』洪洋社)。

盛り込んでいたのである。

実は、その後の調べで、これら南太田の設計に、「建築非芸術論」で有名な野田俊彦がタッチしていたことが明らかとなった。ちなみに野田は、大塚女子アパートの設計にも参加していた。図7の上の工場の方の写真をよく見ると、建物1階から仕分け前の屑物が搬入され、建物内で仕分けされ、2階に上げられ、仕分けされた屑物である「製品」が2階の窓から屋根面に滑り落とされ、下に待ち構えるトラックの荷台に落ちていくような仕組みが、そのままデザインとして表現されていたことがわかる。これこそ本当のモダニズムのデザインだと言えよう。筆者は、日本における本物の近代建築（合目的的な合理的デザイン）の一つとして、この作品を高く評価するものである。

住宅とまちの一体化

さて現在、例えば、東日本大震災の仮設住宅で、前述のような〝まちの復興〟を目指そうとするとどういうことになるか。国交省、厚労省、経産省といった、省庁ごとの独立した補助事業体制（予算とそれを消化するためのメカニズムが、省内だけで完結し、他の省との相乗りをしようとすれば、とたんに、スピード感と現実感を喪失してしまう仕組み）が、こうした努力をきっぱりと阻んでしまうだろうし、現にそうであることが経験されつつある。

内務省は戦争遂行のための悪玉としてＧＨＱに解体させられたのだが、それはそれとしても、そのつけが、総合的であるべき人間生活を断片化したまま政策の対象としてしまうという現象を生んでしまったのである。

我々の先人たちは不良住宅改良に熱心であったために、住宅づくりに福祉施設を持ち込んだわけでは決してないと思う。むしろ先人たちは、まちと住宅を分けて計画を考えなかったのだ。住宅づくりを、人間の総合的な生活体系から、人為的に隔離させ、それを計画対象化し始めたころ（つまり戦時中）から、現在までの一種の錯覚のせいで、住宅づくりと福祉施設の有機的関連が途絶えてしまったのである。今一度、住宅政策と都市政策、福祉政策の総合化を図っていかないと、大変なことになるだろう。

近年、厚労省と国交省が共同所管して、高齢者の住まいの支援を始めているが、このことが、我々の戦後の六〇年余りの悪夢を溶かしていくひとつのステップとなることを願いたいし、今度の震災復興、いや、仮設の段階でも、こうした総合的な取り組みがなされることを、国民レベルで応援しなければならない。

ひとつひとつの提案や施策の善し悪しを議論するだけでなく、いかにそれが、総合的であるのかを評価する目を、今後の災害復興のプロセスの中で磨かねばなるまい。それが、これからの建築関係者に要請される眼力なのではないか。

災害多発国としての心構え

災害多発国

2016年3月で、東日本大震災(以下「3・11」)は発災後5年を迎えた。1995年1月に起きた阪神・淡路大震災後のあとの2000年までの5年間と、今回の5年間は、何が異なっているのだろうと考えた場合、思いつくのはニュースで報道される自然災害の多さである。

調べてみても、1995年からの5年間で起きた大きな自然災害といえば、1999年6月に起きた広島豪雨災害(6・29豪雨災害)が記載されていることが多く、この時の死者は20名を数えた。また、この豪雨災害がもとになって「土砂災害防止法」が制定されたことも覚えておかねばなるまい。しかし、これ以外の大規模自然災害は、もちろん記憶の風化というものもあろうが、すぐには思い浮かんでこない。

一方で、3・11以降の日本では、毎年のように忘れられない大災害が起きている。2011

年3月、4月に立て続けに起きた長野県北部地震（栄村大地震）、福島県浜通り地震などを除いて、いくつかの例を挙げてみても、次のようになる。なお、下記の災害名称は一般名称であり、この他にも激甚災害に指定された災害はこれ以上ある（ただし、被災者の数は情報源によって異なる）。

2011年9月　紀伊半島豪雨災害　死者行方不明者40名
2012年7月　九州北部豪雨災害　死者30名
2013年10月　伊豆大島豪雨災害　死者行方不明者39名
2014年8月　広島豪雨災害　死者75名
　　　9月　御岳山噴火　死者行方不明者63名
2015年9月　関東東北豪雨災害　死者8名

ここにざっと並べたのは図らずも豪雨災害が多いが、近年では御岳山に象徴されるような火山災害の懸念も高まっている。また一方で、南海トラフが動いた場合の太平洋大津波、東京の直下型地震の心配もしておかねばならない。これまでも、日本が災害多発国であることは従来からの常識であったが、3・11以降に次々と発生したこれらの自然災害が、日常生活に関連した常識であることを認識することが急務となっている。

こうしたことを踏まえ、3・11以降に実際に日本で起きた自然災害に、建築の人々がどのような対応しつつあるのかを認識することを通して、改めて、「災害多発国としての心構え」を考えたい。

ふるさと八女・矢部川流域の災害

私事になって恐縮だが、私の郷里は福岡県の八女市の農村地帯で、3・11の翌年に発生した九州北部豪雨災害で矢部川が氾濫して下流部の柳川あたりで堤防が決壊したところの少し上流が、私の生まれ育ったところである。2012年7月、矢部川の堤防が決壊した当時、私は大学で3・11の復興のための災害公営住宅のモデルプランニングなどを行っていた。テレビやネットニュースなどを通じて郷里が大変なことになっているとはわかってはいても、どうすることもできなかった。幸い、我が家族は無事であったが、ふるさと矢部川のほとりでかつて遊んだ場所の名残がかなりの割合で流されていたのが、のちに現地を訪れてみてショックだった。

そんななか、矢部川上流の八女市上陽町に架かる洗玉眼鏡橋という明治26（1893）年に架けられた石積みの眼鏡橋が健全に残っているのに（写真1）、周囲の、おそらく昭和時代につくり込まれたであろう河川護岸の被災の程度のほうが大きかったのが印象的であった。矢部川流域には、同様の石橋がいくつかあるが、無事だったところが結構多い。被災時の外力を想定し、その基準に向かって「限界設計」で臨む現代的設計の底の浅さを見る思いがしたものだ。

写真1：矢部川に架かる洗玉眼鏡橋。2012年7月の九州北部豪雨災害により河川が氾濫したが、明治26年に架けられた石積みのこの橋は無事残った（福岡県八女市上陽町）。

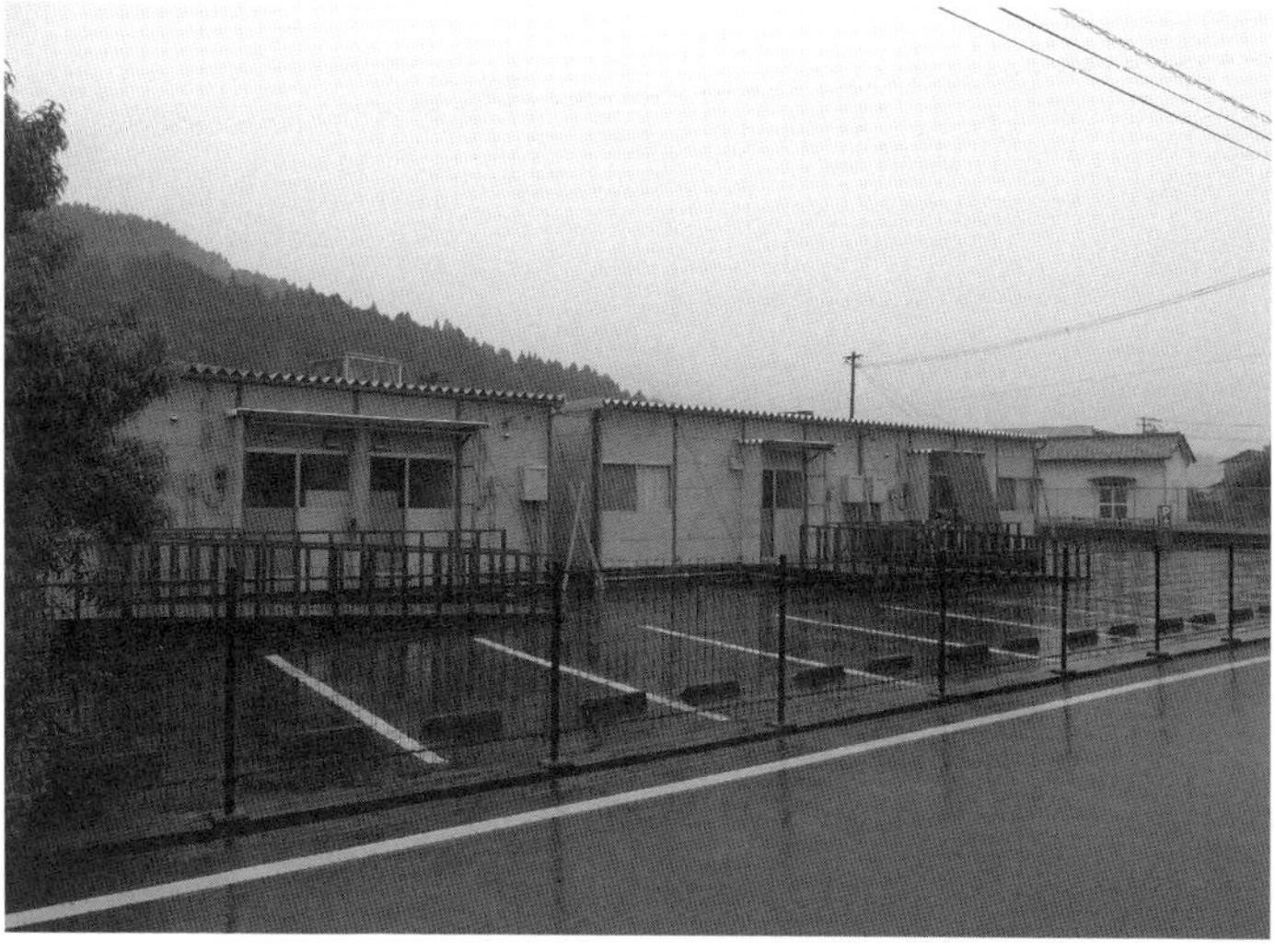

写真2：北九州豪雨災害の仮設住宅（福岡県八女市黒木町）。

また、同じ八女市の黒木町の仮設住宅（写真２）を訪れたときには、３・11で当時さまざまに議論されていた仮設住宅のつくり方へのアップデートな対応がなされていないことに驚きを感じた。２０１１年紀伊半島豪雨災害で被災した十津川村では、アルセッド建築研究所の新潟県旧山古志村での経験を踏まえて、新しいモデルの復興住宅が計画されたのであるが、やはり、こうした対応ができるのは、すかさず現場に出て行って、より良いものをつくる提案をする建築士と気の利いた行政マンがきっと必要なのだろうということを教えてくれる。

豪雨・火山・そしてその後の処理

前述のように豪雨災害が近年多発しているのだが、一方で懸念されるのは豪雨災害が都市型となった場合である。２０１５年に行われた下水法の改正では、市街地内での豪雨災害への対応のため、建築界にも関わりのありそうな制度をいくつかつくって、実施に移されつつあるようだ。具体的にいうと、市町村が「浸水被害対策区域」を条例で設定し、そのなかに民間で「雨水貯留施設」を設置する場合に助成するというものだ。ほかに、場合によってはこの区域内で「雨水貯留施設」の設置が義務づけられることも起こりうる。またこれを都市計画と絡めて、雨水貯留浸透施設を設置する民間ビル等への容積率緩和を講じるところもでてきそうだ。

こうした水害対策は、建築の設計行為に直接絡んでくる訳ではなかろうが、上記したような形で、搦《から》め手で設計行為に関わってくる。言葉を換えると、建築の敷地にどういう「小さなインフラ」を組み込んで行くのかの計画論ともつながってくるのである。

この一方で、近年ニュースでよく耳にするようになったのは、火山の話である。2014年には「戦後最大の火山災害」といわれる御岳山の噴火が起きた。2015年に入っても、口永良部島、桜島、阿蘇山、箱根山の火山活動と、枚挙にいとまがないほどあちこちで活動が活発化してきているようだ。しかし、今のところ建築業界で、この方面に積極的に関与できるすべはあまりなさそうだ。建築学会でも2014年から2015年にかけてようやく「火山」というのがキーワードになりつつあるくらいだ。

そして最後に、被災の爪痕に残るのは、ガレキの処理である。これは3・11でも問題になったし、福島原発事故による汚染土はいまだに国家的な課題となっている。

前述のように、3・11以降の自然災害を考えるにあたって、建築士の領域にすぐに飛び来んで来る課題は一見少ないかもしれない。しかし、これらの天変地異への備えを日頃の設計行為と関連づけて見ておく癖をつける鍛錬をし続けることが、災害多発国の建築士をかたちづくって行くのであろう。

分野横断型の「復興デザイン研究体」の試み

福島の、ある仮設住宅団地で

2011年の東日本大震災では、筆者の勤める東京大学でも様々な分野の専門家が被災地支援ということで現地に赴いていった。もちろん発災直後には、医療系や看護系のスタッフが緊急支援として現地に赴き、残りの分野の人々は東京に居て手をこまねいているばかりであった。1か月ほどして、やや落ち着いた頃には、我々を含む、建設系分野の復興にかかわりのありそうなスタッフが現地入りした。それから発災後半年くらいまでは、医療看護チームと我々建設系チームは、結構密に連絡を取りあい、現地でフィールドを共にしたこともある。

現地での仮設住宅建設時は、報道陣の無茶な侵入を阻む意図もあってか、現場はピリピリしており、どんな仮設住宅をどこに何戸建設するかについてはなかなか情報が入らず、部外者は入っていけないような雰囲気だった。実際、仮設住宅の建設中の様子を写真で撮っていたら、我々も自治体の職員に、問い詰められ、怒られるような始末であった。

そんな中、確かその年の6月であったろうか、医学部の疫学の教授からお呼びがかかった。福島県のある町に、誠に大規模な仮設住宅が建てられ、そこに原発被災の方々が大量に入居することになっているが、医者の立場からしても、あそこに大量の高齢者を住まわせるのはいかがなものかという。ちょっと視察して報告書でも書いてくれというので、行ってみたことがあった(写真1)。

まだ、原発被災の方々が大規模ホールなどで大勢避難生活をされている頃であった。こうした人々の大多数が次に移り住むのが、これから行く仮設住宅であった。やはり、グリッドパターンにきっちりはまった、延々と続く、まるでミヒャエル・エンデの『モモ』に出てくる、「時間泥棒」の人々が暮らすまちのような、無機質で均質な空間がそこにはあった。きっと、この団地の配置計画担当者は、『モモ』も読んだことがないのだろう、と思った。

このときすでにわれわれは、コミュニティケア型仮設住宅という提案を、岩手県釜石市と遠野市で行っており、その実施設計に取り組んでいたところであったので、このように、すでに建ってしまった環境をいかに住みこなしていくべきかということが、次のフェイズ以降の課題だと思い、切々と、この環境をいかにカスタマイズして住みこなしていくべきかを報告書に書き、医学部の教授に提出した覚えがある。

写真1: 福島県のある仮設住宅。

なかでも、この仮設住宅団地にいち早くできていた集会所で、教授の友人で、ご自身も原発事故のために郷里を追われた医師が、早目にこの団地に引っ越してきた高齢者たちのために、小さなクリニックを開設しておられたのが印象的であった。この医師は、ほぼ着の身着のままで逃げ出してきたために、大した医療器具もない中で、パイプ椅子と机と、カラーボックスや段ボールにざっくり詰め込まれた種類の少なそうな薬類に囲まれながら、長い列をなす高齢者たちを次々に、粛々と診療していた。初めて本物の『赤ひげ』を見る思いがした。

しかし、行政によると「そもそも仮設住宅の集会所は、あくまでも集会が目的なので医療行為をしてはならない」ということで、間もなくここから追い出されてしまうという話であった。仕方なしにこの医師は、この仮設団地の隣の土地を借りて、自力で診療所を建設中であり、そこができるまで臨時でここを使わせてもらっているのだという。こんな時こそ、仮設住宅の集会所は名目上は「集会」が目的であっても、医療行為を行えるような場所として機能すべきはずなのに。医師に冷たい行政ルールを機械的に伝える現場担当の末端の行政職員には、この重要な判断をなす権限は与えられていないのだろう。そしてきっと、その権限を持つ人は、この現実を知る由もないのだろう。こうしたことはもちろん報告書には書いたものの、この行き場のない憤りが、1995年の阪神・淡路大震災以来ずっと繰り返されていると思うと、本当に何とかせねばと思った次第であった。

いざ、というときのためのトレーニング

こうした苦い体験は、私だけではなさそうだった。東大の建設系3学科（社会基盤（旧土木）、建築、都市工）の教員たちも、いずれも似たような経験を持っていたのだろう。確かに世の中には「防災」という非常に重要な学問領域があり、日常的に減災に向けて精力的に取り組まれていることは重々承知ではあるが、いざ、何事か起きたときに、どういう手立てで復興なるプロセスを構築していけばいいのかについては、いまいち、筋道が明示されていない。発災後の復興の筋道を、いかにデザインすべきかというテーマを掲げたときに、何を考えるべきか。

こうした思考のもと、3学科の教員を中心に組織したのが「復興デザイン研究体」であった。もちろん復興にかかわる個別の研究や実践もしながら、主として大学院生を対象とした「いざというときの復興のあるべき道筋づくりを、分野横断型でできるように訓練しておく」という趣旨の演習を、毎年夏学期と冬学期に行っている。つまり、通年でずっと復興の演習をやっているのだ。この演習は「復興デザインスタジオ」と呼ばれており、土木・都市計画・建築の学生がチームを組みながら、図上演習的に、実際の災害現場から学び、オルタナティブとしての「もう一つの復興の道筋」をデザインしてみる、という取り組みである。

この取り組みを通して、少なくとも建設系3分野の大学院生たちが知り合いになり、演習の苦楽を共にし、卒業後もたまに会ったりして、通常の職場や業務は異なれど、一朝有事の際には、互いに連携しあいながら、横断的に復興に寄与する。こんな、目には見えない人間関係を営々と築き始めることが、大事だと思って、やり始めたことである。

広島と伊豆大島の演習

「復興デザインスタジオ」では、これまでに東日本大震災（「3・11」）関連のテーマを行ってきたのだが、日本における「復興」は、残念ながら3・11だけが対象であり続けることはなかった。2015年度の演習では、この事実に目を向け、夏学期では2014年に起きた広島豪雨災害を、冬学期では２０１３年に起きた伊豆大島豪雨災害をテーマに取り組んだ。

　広島の豪雨災害では、広島市安佐南区八木・緑井地区を対象として演習を行った。市、住民、コンサルの方々にご厄介になりながら、粛々と進む防災インフラの建設計画という現実に即しながら、土木スケール、都市スケール、建築スケールを横断しながら、学生たちらしい新たな発想を提案してくれた。そのアイデアのうちの一つが、町内会の組や班程度のエリアに対して、今後より防災的となるであろう家と道のあり方を考えたものであった（図１）。

　ここでは「みちにわ」という、道でもあり、みんなの庭でもある空間を、地区内に配することで、住民のつなぎの場を創造するとともに、災害時の一時避難所も形成するというものである。被災で出て行かれた方の土地などを利用しながら、いわば小さな区画整理的に「みちにわ」をつくっていこうという提案である。現時点でこのアイデアが即採用ということにはならないかもしれないが、こうしたアイデアがより一般性をもちうる提案として根付くためにはどうしたらいいかというのも、復興デザイン研究体の今後の研究テーマである。

　そして、現在演習で取り組んでいるのは、２０１３年に起きた東京都内の戦後最大の自然災害である伊豆大島町の豪雨災害の復興に絡んだ演習である。土石流によって流された被災現場では現在、元町から三原山にのぼる観光ルートである御神火《ごじんか》スカイラインの復旧と山の表面浸食対策、河川拡幅による導流溝整備などの防災インフラ整備が急ピッチで進められている。一

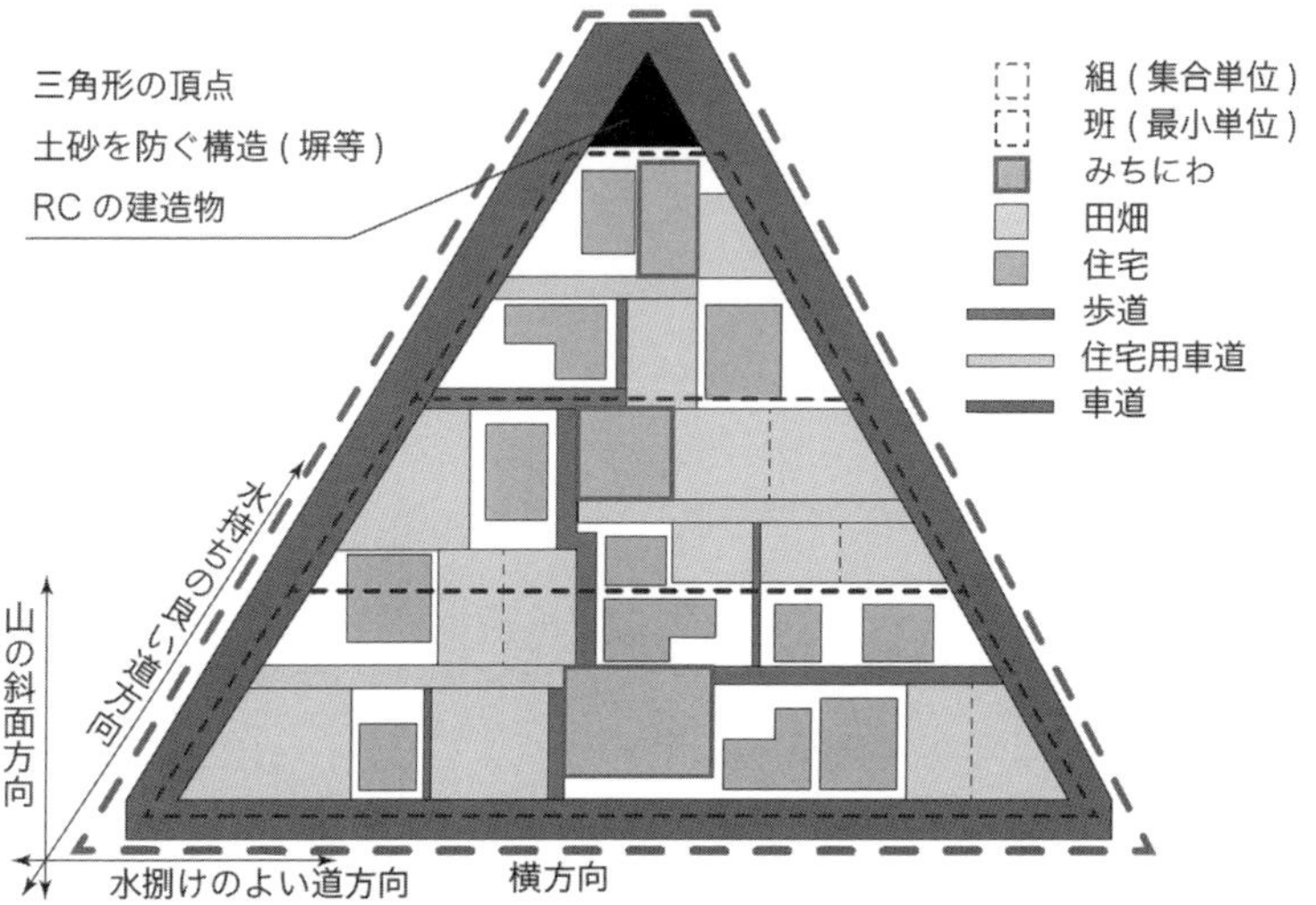

図1：「みちにわ」の提案（出典　今枝秀二郎・高寒（建築）、越野あすか・澁谷崇・寺田悠希（都市工）「住み続けられる地域への「つなぎ」――都市計画道路建設を契機とした前向きな将来像」より）。

写真2：ホテル椿園から望む被災現場と奇跡的に残った「新町亭」。

方で、土砂に流された民地は、ひたすら防災インフラの完成を待っている状態であり、大島町による大まかなゾーニング的土地利用の方向性は示されているものの、具体的な復興後の姿はなかなか描けないでいる。

こうしたなか、被災地のホテル椿園の敷地内に建つ、18世紀建造ともいわれる「新町亭」が奇跡的に土石流から逃れて建っている（写真2）。ここから上流の集落はほぼ壊滅状態だ。写真上部の林は町の計画ではメモリアルパークとなる予定であるが、新町亭を含むそこから下の部分はまだ具体的な復興計画のメドは立っていない。おそらく、東京都内でも有数の古さを誇る新町亭がこのまま壊されるのか、あるいは、元町大火や三原山噴火といった幾多の災害を乗り越えて残った姿を今後の復興の風景のなかに留めておくことができるのか、という課題を今、学生とともに解くための提案を検討しているところである。

東京都教育庁地域教育支援部が構築している東京都文化財情報データベースで、東京都内で、国宝・国指定重要文化財・都指定有形文化財・国登録有形文化財の建造物で、近世以前の民家を調べてみても、国指定重要文化財として旧永井家住宅(町田市、17世紀末頃)、旧宮崎家住宅(青梅市、19世紀中頃)、都指定有形文化財として旧荻野家住宅(町田市、江戸時代最末期)と旧吉野家住宅(青梅市、安政2(1855)年)の合計4件しか出てこないことを考えたとき、この18世紀中に建ったといわれる新町亭の歴史的な重要性はひときわ大きいような気がしている。ひょっとすると、国指定重要文化財的な古さのあるこの建物が、このままでは自然になくなってしまいそうだ。こうした事態に対処するのも復興デザインではないだろうかと考えている。

縮退先進地としての炭鉱住宅に学ぶ

幼少体験の中の炭鉱

私の故郷である福岡県八女市は、北に行けば筑豊炭鉱、西に行けば大牟田市と荒尾市にまたがる三井三池炭鉱という位置にあるのだが、文化的にも距離的にも、どちらかというと大牟田の方に近い。昭和40年代から50年代にかけて八女で少年時代を過ごした私にとって、炭鉱の存在は直接的ではなくとも身近ではあった。私の住む村の入口には燃料屋さんがあって、そこにはいつもうず高く石炭が積まれていた。その石炭で風呂を沸かすというのが、当時の子どもの仕事であった。

小学生の時、大牟田に連れて行ってもらうことがあった。家が農家だったので大牟田の市場に出荷するときに連れていってもらうのだ。大牟田の商店街の賑わいは、農村の子どもにとっては都会に見えた。近くには久留米市もあったが、炭鉱で栄えていた大牟田には城下町久留米の賑わいとはまた異なる、ムンムンした活気があった。

私がこうした幼少体験を積んでいたころ、じつは、これらの炭鉱街では大変なことが進行していた。閉山である。田舎の百姓の子にとって「労働組合」「解雇」「争議」などという言葉は無縁のものだった。私はその後、中学を出てから遠くで一人暮らしを始めたので、炭鉱と向き合う機会はほぼなかった。結構近くに炭鉱があったという体験はあるものの、炭鉱そのもののことについてはほぼ無知なまま大人になってしまったのである。

炭鉱住宅研究会（炭住研）

そして、今から10年ほど前、北海道の住宅地を調べる機会があり、北海道科学大学の谷口尚弘さんと出会った。その頃谷口さんは美唄の炭鉱住宅（炭住）のことを調べていたので、連れて行ってもらったことがある。面白かったのは、戦前に建ったであろう木造の長屋にまだ人が住んでいて、結構きれいに住まわれているところが多かったということであった。閉山のときに退職金の代わりに社宅として住んでいた炭鉱住宅を払い下げられた人々が、そのまま住み続けているというのである。関東大震災の復興住宅として建設された同潤会アパートが、戦後払い下げを受け、増改築を経ながら居住者に住みこなされていった様子を研究していた私にとっては、こうした炭住の払い下げ後の変遷がすごく気になっていた。

その頃私は東京理科大学に勤めていたのだが、当時の助手であり現在長崎大学で教えている安武敦子さんの博士論文がまさに、福岡の炭鉱住宅の住みこなしの変遷であった。

こうしたことから、炭鉱住宅の変遷がここ10年くらいずっと気にはなっていたのだが、すでに幾人かの気の利いた研究者が調べられていたので、自分が出る幕ではないと思っていた。しかし近年、人口減少、高齢化、空地、空家、縮退といったキーワードが住宅地を攻めていったらどうなるのかという問題に悩むことが多くなった。特に、大都市圏周辺部に大量に建設された住宅団地がこのまま高齢化したらどうなるかという課題は多くの研究者の心を捉えていた。そして、中山間地ばかりでなく、こうした都市近郊の市街地もいずれは「消滅」してしまうのではないかという懸念も、近年はリアルに高まってきた。

このまま縮退すれば、インフラは誰が維持していくのか、縮退のプロセスにおいてどんなサービスが必要になるのか、縮退の最後の瞬間はどんなものか。そして今、そのために町をコンパクトにしなければならないという方針が国の方から出てきて、各地でその実施が目論まれつつある。

理屈はごもっともではあるが、「縮退の処方箋はコンパクトシティ」。といった単純な図式だけで果たしていいのか。国の方で進めるコンパクトは、すでに住んでいる人を無理矢理その居住地から引っ剥がすような移住政策を指向しているのでは決してないと言っているが、地方自治体においてコンパクト化を進めるための諸事業にお金がつくようになり、しかもそれが時限付きの単年度予算という、いつもの税金の使い方を踏襲すれば、必然的に「補助金がついているうちに、この村を畳んじまおう」といったことになるのは容易に想像され、不本意な事態があちこちで生まれるような気がしている。

コンパクト以外の処方箋は本当にないのだろうか？

こう考えたときに脳裏に浮かんだのが炭鉱住宅地であった。かつての花形産業を支えた炭鉱住宅地は、エネルギー政策の転換とともに、それまで恩恵をもたらした経済という名の蛇口が一挙に止められ、縮退を宿命づけられた住宅地であった。こうした住宅地は全国に散らばり、閉山からすでに半世紀以上経とうとしている。そうした住宅地がたどった姿は多様にあるはずで、それらをトレースすることにより、コンパクト以外の町の変容の風景は描けないだろうか。ひょっとすると縮退してないところもあるかもしれないし、コンパクトシティ以外の処方箋があり得ることを示せるかもしれない。

こうしたことを考えたのが2年前であった。そして㈱住環境研究所の支援を受け、昨年から谷口さんと安武さんとともに結成したのが「炭鉱住宅研究会」、略して「炭住研」であった。ただ、結成といっても久しぶりに会って話をしただけなのだが……。

15パターンの住宅地の変容

閉山されたところの炭住がその後どうなったのかを手っ取り早く調べるには、現地に行くしかない。ということで、さっそく、九州と北海道の旧産炭地域に行ってみた。すると、じつにさまざまに、炭鉱住宅が変容している姿を捉えることができたのである。

そのとき調べたいくつかの炭鉱住宅地の変化の様子にもとづいて、縮退の過程を仮説的に15のパターンに分けてみた。以下かいつまんで、これらのパターンを紹介しよう。ただ、あくまでもこれはまだ印象論的な仮説に過ぎないことを追記させていただく。

閉山したいずれの炭鉱住宅もまずは、「①閉山直後」という状態から始まる。例としては、長崎市の離島、池島炭鉱を挙げることができよう（写真1）。団地マニアや廃墟萌えの方々垂涎の高層集合住宅で有名な場所である。ここは2001年まで操業していて、炭鉱住宅内にはまだ少し社宅として人が住んでいるところもある。

「①閉山直後」の状態からは、大きく二つの方向性で炭住は変容する。そのうちの一つが「自然に還る」というものだ。最終的な姿としては、どこに炭住があったのかさえわからなくなる「⑤山に還る」という状態になる。現地に行って写真を撮っても、ただの山しか写らない。

この「⑤山に還る」に至る間には、「②住宅が減る（写真2）」「③ほぼなくなる（写真3）」という段階を経る。これら一連のプロセスで生じる現象は「自然無人化」である。経済的な蛇口が

①閉山直後［長崎・池島］

写真1: 長崎市・池島炭鉱

②住宅が減る［北海道・美唄］

写真2: 美唄市・三菱美唄炭鉱

③ほぼなくなる［北海道・三笠］

写真3: 三笠市・幌内炭鉱

④更地化［長崎・西海・崎戸］

写真4: 西海市・崎戸炭鉱

止められたあとは、自然に家が減っていき、ほぼなくなるという、さほど人為的な介入を行わないプロセスである。

「自然無人化」に対しては、「強制無人化」という現象を対置できるが、これも2種類あって、建物まで完全に壊してしまう「④更地化（写真4）」と、建物までは取り壊すことなく、完全に強制的に無人化して放置する「⑥無人化（写真5）」がある。「④更地化」の例として、長崎県西海市の崎戸炭鉱を挙げるが、ここに広がっていた巨大な炭鉱住宅地の建物が壊されたあとは市がこの土地を譲り受けているそうだ。「⑥無人化」の例としては、世界遺産ともなった軍艦島（長崎市端島）を挙げておこう。

縮退の構図

これまでは家がなくなっていく現象を解説したが、古い家を行政の介入によって新しい家に建替えることも行われている。「強制建替」という行為となる。

炭鉱住宅で大々的に行われているのが、住宅地区改良法にもとづく改良住宅への建替えである。この事業は昭和2（1927）年に制定された不良住宅地区改良法がもとになっている事業で、イギリスで19世紀から行われていたスラムクリアランス事業の日本版だ。戦前はスラムの改良に用いられたり、戦後はバラック的な木造公営住宅の建替えに用いられたり、その後法律名を変えて昭和39年の東京オリンピックにとって景観上ふさわしくないところの建替えや、いわゆる同和地区の改良といった場面に用いられてきた。これが、炭鉱住宅に使われるようになったのである。

この事業は九州より閉山があとになった北海道で、まず多用された。社宅としての炭住をそのまま住宅改良地区に指定し、公費でこれを買い取って、改良住宅に建替え、公営住宅として行政が面倒を見ていく、というものである。閉山による社宅の処分を巡ってかなり苦労した筑豊地方の経験を踏まえて、よりスムーズな形でこれを公共団体の仕事に転換する方法が、北海道で展開されたと考えてよいだろう。事例として、三井芦別炭鉱を挙げておく(写真6)。

その後、九州方面でもこのような形で旧炭鉱住宅が改良住宅に建替えられることが増えていくのである。

さらに、これまでに述べた「強制無人化」と「強制建替」の両方を行政が行い、コンパクトシティ化を進めるというシナリオもある。「⑧コンパクト化」である。

コンパクトシティの先進地、夕張市の例を挙げよう。夕張市は基本的に炭鉱によってできた町だと言ってよい。中心部の谷間から山間に道路や線路を延ばして山の中で採炭が行われたので、炭住は中心市街地から離れたところに点在していた。これが閉山となり、一部は改良住宅に建替えられているが、それでも長年にわたって少しずつ住む世帯が減ってくる。ただ、1人でも住んでいる限り維持管理をやめるわけにはいかない。そこで市は「暖房費の節約」と「高齢化対応」の側面から、高齢居住者の引越しを少しずつ促しているという。同じ棟の中で、まずは3階から1階か2階に引越してもらい、3階の床に断熱材を敷くことで、集約化と断熱化を図る(写真7)。居住者に対しては、階段の昇り降りの負担が軽減し、年間数万円の暖房費が安くなるというのが謳い文句だ。これを繰り返し、3階から2階、1階へ、そしてある住棟から別の住棟へ、時間をかけて少しずつ移り住んでもらうわけである。もちろん居住者も納得ずくである。

これを繰り返して、ついにだれも住まない棟もでてくるのだが、取り壊すのに1棟2000万円ほどかかってしまうため、基本的にはほったらかしという計画である。そして、最後の1棟に集約すれば、今度は同じ論法で、新しく、暖房費もかからず、病院にも近い、国道沿いの新設の公営住宅に移り住んでもらうという作戦である(写真8)。

このように、コンパクト化は一朝一夕にできるようなものではない。これを単年度的一発大型予算でもって成し遂げようとすれば、失敗しそうなことを、この事例は教えてくれていると思う。

⑥無人化［長崎・軍艦島］

写真5: 長崎市・軍艦島

⑦改良住宅化［北海道・三井芦別］

写真6: 芦別市・三井芦別炭鉱

⑧コンパクト化［北海道・夕張］

写真7：夕張市・集約の進む改良住宅。すでに3階は無人となり，床に断熱材が敷き詰められている。

写真8: 夕張市・新しい公営住宅

家々が残る構図

さて、これまで世帯数が減ってくる現象について述べてきたが、家々が残っていくという現象も、一方ではみられるのである。

まずは、「建物がそのまま残る（写真９）」パターンがある。しかしこれは、よっぽど良い条件に恵まれないと成立しない。多く見られるのは、そのまま残るのではなく「自然建替」が継続し、次第に町が変容していくことである。その結果、「⑩少し建替（写真10）」、「⑪全面建替」ということになる。「全面建替」になったらもはや炭住の面影はほとんど残らない。

さらに、炭住街の中の住宅であったものがいろいろな店などに変わる「自然異用途化」が進む結果、住宅の一部がお店や事業所となる「⑫異用途化」、団地の一部が別の用途として自然に開発される「⑬一部再開発」などが発生するようになる。

このように自然の流れに従って異用途化が進むのではなく、作為的に地区をつくり替える「強制異用途化」の行為もなされる。これが部分的になされ、団地の一部が再計画され、長屋街だったものが戸建住宅街として再販売される「⑭再分譲」もある。こうしたシナリオは、主として筑豊地方に多数出現している。やはり、炭住の変化は周囲の社会状況とともにあるのである。

さらに、「強制異用途化」の極めつけが「⑮産業転換（写真11）」である。例として長崎県西海

⑩少し建替［福岡・大牟田］

写真10: 大牟田市・小浜

⑨建物がそのまま残る［北海道・三笠］

写真9: 三笠市・弥生

⑮産業転換［長崎・西海］

写真11: 西海市・大島

⑪全面建替［福岡・大牟田］

⑫異用途化［福岡・田川］

⑬一部再開発［福岡・飯塚］

⑭再分譲［福岡・大牟田］

市の大島炭鉱がある。ここでは、閉山に伴い行政主導によって大島造船所という、石炭産業に代わる産業の誘致に成功した。これに伴って、炭鉱住宅の多くはそのまま造船所の社宅に移行したのである。こうして炭住は別の社宅として生まれ変わることになり、復興ともよべる現象が起きている。

以上、駆け足で15の変化のパターンを紹介してきたが、何より重要なことは、こうした変化のプロセスは、ある状態に達したらそれで状態変化が終了するわけではないということである。ここでとり上げた事例も、すでに次のステージへ移行していく準備を始めているかもしれない。世界遺産となった軍艦島にある建物群も、いつまでも残っていくとは限らないのだ。

それは、いまに生きるわれわれが、こうした建物群に、今どのような行為を施すかによって決まっていくのである。

むすびにかえて

本書は、２００７年から２０１６年にかけてのほぼ10年間に、各種雑誌等に寄稿してきたものの中から18編を選んで1冊にしたものである。中には連載ものが2種類10編あるが、ほかは様々な場面に様々なテーマについて書いたものである。したがって、統一的な語法で書かれているわけでもなく、同じ読者を想定しながら書いたわけでもない。また、少なからず内容の重複もある。この辺は、エッセイ集という書物の性格上ご容赦いただくしかない。

ただ、本書の出版社である王国社の山岸さんが、私の知らない間に、私の書いた雑文をしかるべき眼力で精査し、選ばれた18編なので、それなりのフィルターを通して選ばれた18編であることには間違いないだろう。

こうしたわけで、本書のタイトルである『住まいと町とコミュニティ』は山岸さんが名付け親である。知人にこのタイトルについてちょっとこし話してみたら「ずいぶん幅広いね」とか「ずいぶん欲張りなネーミングだね」というリアクションをいただいた。確かに、文字通りにとらえれば、建築のレベルからまちづくり・都市計画レベルまでのハード部門から、さらにはコミュニティ形成といったソフト部門までを網羅しており、ずいぶんとがめつい表題だと思われても仕方なかろう。ただ、この10年強ずっと考えてきたことの幅の広がりを表現すると、やはりこうなってしまう。

「住まい」と「町」と「コミュニティ」の三者は、例えば行政レベルや専門家レベルであれば、分けて仕事をすることも可能であろう。というか、日本の縦割り行政の中では、どうしてもこの三者が互いに他の優位に立とうとして、しのぎを削っているようにも感じられる。これを別な視点で見れば、この縦割り行政自体が日本独特の産業界・産業構造を育み、それぞれ「住まい」「町」「コミュニティ」の三者の利益代表として、各省庁部局の縦割り合戦に参加しているようにも見える。

しかし、いったん一生活者の視点に立てば、この三つはどうしても分けられない。例えば、大災害後に建設される大量の仮設住宅には「住まい」の供給という視点はあるが、住宅以外の医療福祉や就労機会確保の領域を含む諸機能を有する「町」の分野や、隣近所と付き合いながら弱っている人をみんなで助ける「コミュニティ」分野との連携がないために、なかなか住みづらそうであることは、このことを端的に表しているだろう。このことは、住宅地の再開発や、昨今流行の空き家対策や縮退居住地対策にも言えることである。だからあえて、今の日本社会が不得手とする『住まいと町とコミュニティ』という総合的なタイトルでいこうと思った次第である。

最後に、初出一覧にあるような様々なメディアに最初に書かせていただくチャンスを頂いたそれぞれの記事の担当者さんたちと、本書がある程度の形をなすまで辛抱強くお付き合いくださった山岸さんに感謝を申し上げなければならない。ありがとうございました。

大月敏雄

2016年12月

初出一覧

コミュニティはなぜ必要なのかを改めて考えてみる（「虹の旗ニュース」30 2007.6）

路地の魅力と「路地を耕す」ということ（「パオ」16 2007.6）

路地にお花畑を耕した人々（「パオ」17 2008.1）

行商のおばちゃんと出入りの大工さんの重要性（「パオ」18 2008.6）

足まわりを耕す（「パオ」19 2009.1）

集合住宅の屋上を耕す（「パオ」20 2009.6）

住まいとまちの計画学（三井不動産のレッツプラザ）

　ディズニーのまちにみる多様性（2010.1）

　アクセサリー・アパートメント（2011.4）

　ジョージタウンとバック・アレイ（2011.5）

　ニューアーバニズムの聖地：シーサイド（2012.5）

　歩車分離の聖地：ラドバーン（2012.7）

日本の集合住宅はなぜ残らないのか？（「日経アーキテクチャー」2010.6）

成熟化の21世紀型住宅地（「リーダーズレビュー」2012.3-4）

賃貸住宅と若者の都市復権を！（「すまいろん」2016冬）

同潤会と不良住宅地区改良事業（「建築とまちづくり」2011.6）

災害多発国としての心構え（「建築士」2016.2）

分野横断型の「復興デザイン研究体」の試み（「建築士」2016.2）

縮退先進地としての炭鉱住宅に学ぶ（「建築士」2015.9）

大月敏雄（おおつき　としお）

1967年福岡県八女市生まれ。東京大学工学部建築学科卒業。同大学院建築学専攻博士課程単位取得退学。現在、東京大学大学院工学系研究科建築学専攻教授。博士（工学）。建築計画、ハウジング、住宅地の計画の研究を行う。東日本大震災では仮設住宅の設計に取り組む。

主な著書　『集合住宅の時間』〈王国社、2006〉。『消えゆく同潤会アパートメント〔共著〕』〈河出書房新社、2003〉。『奇跡の団地 阿佐ヶ谷住宅〔共著〕』〈王国社、2010〉。『3・11後の建築と社会デザイン〔共著〕』〈平凡社新書、2011〉。『近居―少子高齢社会の住まい・地域再生にどう活かすか〔共著〕』〈学芸出版社、2014〉。

住まいと町とコミュニティ

2017年4月10日　初版発行

著　者――大月敏雄　
発行者――山岸久夫
発行所――王　国　社
〒270-0002 千葉県松戸市平賀152-8
tel 047(347)0952　　fax 047(347)0954
郵便振替 00110-6-80255
印刷　三美印刷　　製本　小泉製本
写真・図版――大月敏雄
装幀・構成――水野哲也（Watermark）

ISBN 978-4-86073-064-2 *Printed in Japan*

王国社の建築書

構造デザイン講義	内藤　廣	建築と土木に通底するもの。東京大学における講義集成。	1900
環境デザイン講義	内藤　廣	東京大学講義集成第二弾―環境を身体経験から捉える。	1900
形態デザイン講義	内藤　廣	東京大学講義集成第三弾―使われ続ける形態とは何か。	1900
建築のちから	内藤　廣	いま基本に立ち戻り建築に何が可能かを問う渾身の書。	1900
場のちから	内藤　廣	我々の生きる時代とは何か。「場のちから」を受け止める。	1900
原っぱと遊園地 1・2	青木　淳	人が動くことで中身が作られる建築。注目の建築論集。	各2000
建築について話してみよう 正・続	西沢立衛	価値観や生き方が「建物の使い方」に強く現れること。	各1900
建築が生まれるとき	藤本壮介	新しい成り立ちをめざして。建築と言葉の往還から形が。	1900
人の集まり方をデザインする	千葉　学	建築の設計において最初に問うべきテーマを考察する。	1850

数字は本体価格です。